LOGÍSTICA
REVERSA
INTEGRADA

SISTEMAS DE RESPONSABILIDADE
PÓS-CONSUMO APLICADOS AO
CICLO DE VIDA DOS PRODUTOS

érica | Saraiva

LOGÍSTICA REVERSA INTEGRADA

SISTEMAS DE RESPONSABILIDADE PÓS-CONSUMO APLICADOS AO CICLO DE VIDA DOS PRODUTOS

Alexandre de Campos
Verci Douglas Garcia Goulart

São Paulo
2017

érica | Saraiva

SOMOS EDUCAÇÃO | **Editora Saraiva**

Av. das Nações Unidas, 7221, 1º Andar, Setor B
Pinheiros – São Paulo – SP – CEP: 05425-902

SAC 0800-0117875
De 2ª a 6ª, das 8h00 às 18h00
www.editorasaraiva.com.br/contato

Vice-presidente	Claudio Lensing
Gestora do ensino técnico	Alini Dal Magro
Coordenadora editorial	Rosiane Ap. Marinho Botelho
Editora de aquisições	Rosana Ap. Alves dos Santos
Assistente de aquisições	Mônica Gonçalves Dias
Editoras	Márcia da Cruz Nóboa Leme
	Silvia Campos Ferreira
Assistente editorial	Paula Hercy Cardoso Craveiro
	Raquel F. Abranches
	Rodrigo Novaes de Almeida
Editor de arte	Kleber de Messas
Assistente de produção	Fabio Augusto Ramos
	Valmir da Silva Santos
Produção gráfica	Marli Rampim
Avaliação técnica	Paula Francisca Pires de Lima
Preparação	Giacomo Leone Neto
Revisão	Ana Paula Felippe
Diagramação	Join Bureau
Capa	Casa de Idéias
Impressão e acabamento	Renovagraf

DADOS INTERNACIONAIS DE CATALOGAÇÃO NA PUBLICAÇÃO (CIP)
ANGÉLICA ILACQUA CRB-8/7057

Campos, Alexandre de
  Logística reversa integrada : sistemas de responsabilidade pós-consumo aplicados ao ciclo de vida dos produtos / Alexandre de Campos e Verci Douglas Garcia Goulart. – São Paulo : Érica, 2017.
  184 p.

  Bibliografia
  ISBN 978-85-365-2360-6

  1. Logística empresarial I. Título II. Goulart, Verci Douglas Garcia

17-0638
CDD 658.78
CDU 658.78

Índices para catálogo sistemático:
1. Logística empresarial

Copyright© 2017 Saraiva Educação
Todos os direitos reservados.

1ª edição
2ª tiragem 2017

Os Autores e a Editora acreditam que todas as informações aqui apresentadas estão corretas e podem ser utilizadas para qualquer fim legal. Entretanto, não existe qualquer garantia, explícita ou implícita, de que o uso de tais informações conduzirá sempre ao resultado desejado. Os nomes de sites e empresas, porventura mencionados, foram utilizados apenas para ilustrar os exemplos, não tendo vínculo nenhum com o livro, não garantindo a sua existência nem divulgação.

A ilustração de capa e algumas imagens de miolo foram retiradas de <www.shutterstock.com>, empresa com a qual se mantém contrato ativo na data de publicação do livro. Outras foram obtidas da Coleção MasterClips/MasterPhotos© da IMSI, 100 Rowland Way, 3rd floor Novato, CA 94945, USA, e do CorelDRAW X6 e X7, Corel Gallery e Corel Corporation Samples. Corel Corporation e seus licenciadores. Todos os direitos reservados.

Todos os esforços foram feitos para creditar devidamente os detentores dos direitos das imagens utilizadas neste livro. Eventuais omissões de crédito e copyright não são intencionais e serão devidamente solucionadas nas próximas edições, bastando que seus proprietários contatem os editores.

Nenhuma parte desta publicação poderá ser reproduzida por qualquer meio ou forma sem a prévia autorização da Saraiva Educação. A violação dos direitos autorais é crime estabelecido na lei nº 9.610/98 e punido pelo artigo 184 do Código Penal.

CL 641258 CAE 603103

DEDICATÓRIA

Dedico esta obra a uma pessoa muito especial, que partiu para outra vida, mas não sem deixar muitos ensinamentos de ajuda ao próximo, de companheirismo e alegria por onde passou. TIO TONINHO, dedico esta obra a você e lhe agradeço toda a atenção dispensada a mim, durante toda a vida.

Alexandre de Campos

Esta obra é dedicada a minha filha CAMILA DELLACRUCI GOULART, profissional competente em sua área de atuação, e a todos os dedicados profissionais da editora, que tanto contribuíram para que meus manuscritos se tornassem um livro.

Verci Douglas Garcia Goulart

AGRADECIMENTOS

A Deus, a vida e a todas as bênçãos que Ele tem me dado. A minha família, esposa querida, Ione Pinheiro, e meus dois filhos abençoados, Giovanna e Gabriel.

Ao meu parceiro nesta obra, a quem também aprendi a chamar de amigo: Verci Douglas. Pessoa especial e diferenciada em todos os sentidos. Profissional competente e um grande gestor de pessoas.

Alexandre de Campos

A Deus pai, todo-poderoso, governador da minha vida, que me ilumina e me conduz.

A minha esposa, Rosemary, e meus filhos, Camila e Douglas, que são a base de sustentação das obras que realizo.

Aos meus pais, Iva e Itamar, que suportam a minha ausência, mas não imaginam o quanto contribuem para minha vida e a norteiam.

Aos meus sogros, Antônia e Aderbal, que me apoiam e estão sempre dispostos a ajudar.

Ao meu amigo Alexandre de Campos, experiente profissional, professor e autor de várias obras, que me deu a oportunidade e a honra de escrever este livro com ele.

Ao meu velho amigo Miguel Gomes da Silva, que me deu a primeira oportunidade de trabalho e contribuiu muito para minha trajetória profissional.

Aos meus alunos e ex-alunos que de forma indireta contribuíram para a realização desta obra.

A todos aqueles que já foram ou serão meus alunos e/ou orientandos, os quais puderam e poderão trocar muitas experiências profissionais.

Verci Douglas Garcia Goulart

SOBRE OS AUTORES

Alexandre de Campos

- Mestrando no PROGEPE – Programa de Gestão e Práticas Educacionais na Uninove.
- Pós-graduando em Formação de Professores pelo Centro Paula Souza.
- Pós-graduado em Gestão de Pessoas pela Fundação Armando Álvares Penteado (FAAP).
- Pós-graduado em Docência Superior pela Uninove.
- Graduado em Administração de Empresas pelas Faculdades Metropolitanas Unidas (FMU).

É professor titular do Grupo Uninove (Faculdade São Roque) e concursado no Instituto Tecnológico de Barueri-SP (ITB) na área de Administração de Empresas. Como instrutor e conteudista, presta serviços a empresas e instituições, como: Infi-Febraban, Fundação Bradesco e Grupo Delinea.

Foi executivo no segmento bancário e atuou como gerente de ONG ligada à educação. Foi Senior Business Analist de uma grande empresa de *outsourcing* situada em São Paulo-SP. É auditor interno da ISO 9001:2008, tendo participado de diversos processos de certificação e recertificação do Sistema de Gestão da Qualidade (SGQ).

Atuou no Senai-SP como instrutor efetivo por cinco anos e também foi professor em cursinhos preparatórios para concurso público (nível terceiro grau) na Central dos Concursos e no Cursinho Anglo.

Possui obras publicadas na área de Administração de Empresas e no Pronatec.

Verci Douglas Garcia Goulart

- Bacharel em Administração de Empresas pela Fundação Karnig Bazarian (FKB).
- Bacharel em Ciências Contábeis pelo Centro Universitário da Grande Dourados (Unigran).
- Mestre em Engenharia de Produção pela Universidade Metodista de Piracicaba (Unimep).
- Pós-graduado em Economia de Empresas pela Universidade Presbiteriana Mackenzie.
- MBA em Gestão Empresarial pela Fundação Getulio Vargas (FGV);

É coordenador e professor dos cursos de ensino superior em Administração e Tecnólogos em Gestão Logística, Gestão da Qualidade e Gestão de Recursos Humanos, da Faculdade de Administração e Ciências Contábeis de São Roque, mantenedora Uninove; leciona disciplinas relacionadas à Logística Aplicada; Logística Reversa, Tecnologia em Logística, Gestão Empresarial, Contabilidade, Recursos Humanos e Engenharia da Produção.

Possui mais de 35 anos de experiência profissional em empresas de grande e médio porte no segmento logístico de construção civil.

Ao longo da carreira, foi responsável pela área de suprimentos de materiais produtivos e improdutivos e pela contratação de prestadores de serviços logísticos na exploração de minérios no segmento de fabricação de cimento.

Atualmente, vem participando de diversos projetos de solução logística para movimentação de solo e rocha em obras de infraestrutura de grande porte, extração de minério de ferro e mineração de ouro.

SUMÁRIO

Apresentação **15**

Capítulo 1 Legislação ambiental e logística reversa **17**

    1.1   Introdução... 19
    1.2   Legislação ambiental 20
    1.3   Princípios de logística reversa... 30
           1.3.1   Principais problemas na logística reversa 33

Capítulo 2 Rede logística de retorno: planejamento e recursos logísticos **35**

    2.1   Introdução... 37
    2.2   Cadeia de suprimentos... 38
    2.3   Rede logística 39
           2.3.1   Planejamento de rede logística... 40
           2.3.2   Tipos de rede logística 40
    2.4   Rede logística de retorno (RLR) 41
           2.4.1   Concepção de rede logística de retorno 41
           2.4.2   Planejamento da RLR... 41
           2.4.3   Comparação entre a RLR e a rede logística
                    tradicional (fluxo) 42
           2.4.4   O projeto de RLR 43
           2.4.5   Tipos de RLR 46

Capítulo 3 Aspectos logísticos no retorno de produtos **53**

    3.1   Introdução... 55
    3.2   Rede de distribuição reversa 55

3.3 Responsabilidade social corporativa (RSC) 57
    3.3.1 Impacto da logística reversa sobre os indicadores de sucesso empresarial 58
    3.3.2 A logística reversa como vantagem competitiva 60
3.4 A implantação da logística reversa 60
    3.4.1 Atuação da logística reversa nas organizações 61
    3.4.2 Estruturação e fatores críticos da logística reversa 64
3.5 Logística reversa como veículo de mudança 65

Capítulo 4   Logística de transportes 69

4.1 Introdução 71
4.2 Cadeia brasileira de transportes 71
4.3 A importância do transporte rodoviário para a rede logística 74
    4.3.1 Custos dos transportes na rede logística 74
    4.3.2 Os efeitos do transporte nas atividades logísticas 76
    4.3.3 O papel do transporte na qualidade do serviço 76
4.4 O transporte interno 77
    4.4.1 Equipamentos utilizados para o transporte interno 78
4.5 Transporte externo 81
    4.5.1 Um tipo de transporte para cada tipo de carga 81

Capítulo 5   Armazenagem 87

5.1 Introdução 89
5.2 Macrofluxo operacional de armazenagem 89
5.3 Processos de armazenagem 90
5.4 Aproveitamento do espaço físico 92
5.5 Gerenciamento do SKU (Stock Keeping Unit) 94
5.6 Sistemas de armazenagem 95

Capítulo 6   Sistemas de informação 101

6.1 Introdução 103
6.2 Conceito do sistema de informação 103
6.3 Tipos de sistemas de informação 104
    6.3.1 Sistemas de informação logística internos 105
    6.3.2 Sistemas de informação logística externos 105
6.4 A importância dos sistemas de informação para a logística 106
6.5 Sistema de gestão empresarial 108

6.6	Softwares de apoio à gestão logística		109
	6.6.1	Order Management System (OMS)	109
	6.6.2	Transport Management System (TMS)	110
	6.6.3	Warehouse Management System (WMS)	110

Capítulo 7 Categorias de cadeia reversa 113

7.1	Introdução		115
7.2	Ciclo da logística reversa (CLR)		115
	7.2.1	Resíduos	116
	7.2.2	Coleta seletiva	116
	7.2.3	Cooperativa de catadores	117
	7.2.4	Sucatas	118
7.3	Ciclo de duração das embalagens e dos produtos		119
	7.3.1	Embalagens e produtos com maior potencial para reciclagem no Brasil	120
7.4	Categorizações de logística reversa de acordo com o Conselho de Gestão Logística		121
7.5	Gestão de retorno SCM (Supply Chain Management)		123

Capítulo 8 Principais motivos de retorno de produtos 129

8.1	Introdução		131
8.2	Áreas de atuação e etapas reversas		131
8.3	Rede logística de retorno de pós-venda		134
	8.3.1	Produtos logísticos de pós-venda	136
	8.3.2	Revalorização dos bens pós-venda	138
8.4	Logística de retorno de pós-consumo		138
	8.4.1	Ciclos reversos de pós-consumo abertos e fechados	141
	8.4.2	Visão econômica nos canais de retorno de pós-consumo	142

Capítulo 9 Logística globalizada 145

9.1	Introdução		147
9.2	Logística e seus conceitos internacionais		147
	9.2.1	Regimes aduaneiros especiais	148
9.3	Os custos logísticos		152
	9.3.1	Custos de logística reversa	153
	9.3.2	Incoterms	156
9.4	*Lean* e Six Sigma		160
9.5	Transporte na logística internacional		161

Capítulo 10 Serviço ao cliente **165**

    10.1 Introdução 167

    10.2 A importância do setor de prestação de serviços na economia brasileira 167

    10.3 Processos logísticos e o serviço ao cliente 169

        10.3.1 Características dos serviços logísticos 171

        10.3.2 A relação da prestação de serviços logísticos e os princípios de Deming 172

    10.4 Modelo conceitual para *players* prestadores de serviços logísticos 173

    10.5 *Outsourcing* de serviços logísticos 174

Bibliografia **181**

APRESENTAÇÃO

Ao longo de nossa carreira profissional técnica e acadêmica, nas diversas áreas que competem à logística, percebemos a falta de uma obra específica que abordasse de maneira objetiva os temas relacionados à logística reversa nos principais aspectos. Assim, a fim de colaborar com os técnicos profissionais, os professores e os estudantes do tema, externalizamos nesta obra conhecimentos práticos e teóricos sobre a logística reversa que estão dispostos em dez capítulos.

No Capítulo 1, abordamos as núncias da legislação ambiental no âmbito da logística reversa, com seus conceitos capazes de apoiar as empresas na reestruturação de seus processos, planejando e implantando o sistema de logística reversa como complemento do processo logístico.

No Capítulo 2, apresentamos a rede logística de retorno, que é parte integrante da cadeia de suprimentos, a qual se caracteriza pelo conjunto de redes logísticas, com fluxo e refluxo de produtos e serviços, e é formada por vários agentes que atuam em diferentes momentos do processo, entre os quais encontram-se: fornecedores, clientes, fabricantes, varejistas, distribuidores e os consumidores finais.

No Capítulo 3, analisamos os aspectos logísticos no retorno de produtos, o qual torna-se cada vez maior, em razão de fatores como, por exemplo, a conscientização da população com o desenvolvimento sustentável, com a ideia de visar às gerações futuras, até mesmo em função das legislações ambientais que priorizam a diminuição dos impactos ao meio ambiente.

No Capítulo 4, dada a importância do setor de transportes, analisamos essa atividade, que tem participação expressiva na economia nacional. O governo brasileiro criou e mantém o Ministério dos Transportes, que, conforme consta no relatório de gestão do órgão (2015), tem como principal responsabilidade a atuação nas políticas nacionais de transporte em todos os modais, desenvolvendo planejamentos estratégicos e buscando recursos para a execução de projetos de infraestrutura que visem a reduzir os custos logísticos de fluxo e refluxo a níveis aceitáveis, promovendo o desenvolvimento econômico e consequentemente social. O capítulo trata também da matriz de transporte nacional e evidencia os principais modais disponíveis, mas deixa de fora os índices que representam as atividades que estão associadas à rede logística de transportes de cargas.

No Capítulo 5, você poderá observar as várias atividades que compõem o macrofluxo das operações de armazenagem, verá os processos de armazenagem e as formas de aproveitamento do espaço físico de um armazém e vai conhecer alguns sistemas de estocagem, armazenagem e depósito, o que, ao final, vai proporcionar um melhor entendimento das nuances da armazenagem.

No Capítulo 6, para melhor entendimento da evolução e da importância do sistema de informação logística, são abordados alguns tópicos como: conceito e tipos de sistema de informação; importância do sistema de informação para a logística; sistema de gerenciamento empresarial; software de apoio à gestão logística.

No Capítulo 7, estudaremos as formas de categorização da logística reversa que envolvem o tipo de produto que retorna, o ciclo de vida desses produtos, os motivos de seu retorno, a seleção de seu destino etc., e que dão às empresas essa visão ampla de economia e autossustentação. E buscaremos maior compreensão do seu funcionamento como ferramenta de gestão.

No Capítulo 8, analisaremos os principais motivos pelos quais os retornos de produtos ocorrem. A devolução de um bem pode ocorrer por vários motivos, estoques excessivos nos distribuidores, vencimento da validade, estoque em consignação, defeitos de fabricação, enfim, independentemente de qual seja ele, o fato é que o retorno do produto ao início da cadeia de suprimentos é inevitável.

No Capítulo 9, em função do constante crescimento do comércio internacional, torna-se visível o aumento das atividades logísticas internacionais. Portanto, nesse capítulo, estudaremos a necessidade de as empresas conhecerem e se adaptarem à maneira de interferência de diversos fatores na logística internacional e qual a importância na gestão de suprimentos e distribuição global.

Por fim, no Capítulo 10, vamos tratar das nuances que cercam os serviços logísticos que são prestados ao cliente, sem a pretensão de esgotar o assunto, por se tratar de um tema muito vasto. Assim, vamos traçar um breve panorama da importância do setor de prestação de serviços no cenário econômico brasileiro. Buscaremos correlacionar os processos logísticos aos serviços que os acompanham e, por fim, trataremos dos *players* para a realização dos serviços e a terceirização.

Capítulo 1

LEGISLAÇÃO AMBIENTAL E LOGÍSTICA REVERSA

"Proteger o meio ambiente é também consumir produtos que se conheça o seu ciclo de vida."

Alexandre de Campos

1.1 INTRODUÇÃO

O ser humano busca o domínio sobre a natureza desde os primórdios da humanidade. Com sua criatividade, busca garantir a sua existência com diferentes formas de dominação sobre os demais seres vivos, o que se tornou o início da degradação da natureza. Essas atitudes geraram o aumento da concorrência industrial e a necessidade de se prestar serviços cada vez melhores.

A aceleração do tempo de giro na produção com consequente aumento do consumo criou um mundo com necessidades imediatas e maior descarte de produtos e resíduos, o que tem sido nocivo para o planeta e seus habitantes. Nesse cenário, surgiu a logística e posteriormente sua ramificação: a logística reversa.

A logística se tornou ao longo dos anos um dos fatores determinantes para as empresas quanto à distribuição física dos produtos. Os grandes volumes de transações entre empresas e países, além da necessidade de ter o produto certo, no tempo certo e no local certo, podem garantir o posicionamento das empresas no mercado. Essa área é a responsável por todo planejamento, operação e controle do fluxo de mercadorias e informações, desde o fabricante até o cliente final.

A área de logística vem aumentando sua abrangência e importância no cenário mundial. Ela busca uma distribuição rápida e eficaz, com agilidade nas entregas para atender aos interesses dos clientes. É considerada um conjunto de técnicas de gestão da distribuição e transporte dos produtos finais. Inicia-se no transporte e manuseio interno, passando pelo transporte das matérias-primas necessárias ao processo produtivo até a entrega ao cliente final, sem se esquecer do retorno e do descarte dos resíduos, tratado especificamente pela logística reversa.

A preservação do nosso planeta passa pela conscientização de pessoas e empresas quanto às práticas de sustentabilidade. A elevada geração de resíduos e sua destinação inadequada se tornaram as maiores preocupações do nosso século. Os principais problemas ambientais e socioeconômicos que se apresentam no mundo globalizado são o acúmulo em grandes áreas de aterros, a poluição da água, inclusive de lençóis freáticos, solos e atmosfera, além da proliferação de doenças e desperdício de recursos.

O rápido crescimento do consumo, motivado pelo avanço econômico de grandes centros, como China, Estados Unidos e União Europeia, eleva o volume de matéria-prima utilizada na produção, bem como resíduos a serem descartados, gerando maior preocupação com o meio ambiente.

Surge então a Logística Reversa, com seus conceitos e legislações, capazes de apoiar as empresas na reestruturação de seus processos logísticos, planejando e implantando o sistema de logística reversa como complemento do processo logístico.

O objetivo da logística reversa é tratar do desenvolvimento econômico e social por meio de um conjunto de ações e procedimentos que procuram viabilizar a coleta e a restituição dos resíduos sólidos ao setor empresarial. Busca o reaproveitamento dos produtos e dos resíduos em seu ciclo de vida ou em outros ciclos produtivos e a destinação final ambientalmente correta. Tem como meta, ainda, completar o ciclo por meio do aproveitamento da matéria-prima reciclada no processo produtivo ou de seu encaminhamento ao descarte adequado.

Inicialmente, a prática da logística reversa pode gerar custos para a empresa, contudo, a médio e longo prazos esses gastos podem ser revertidos durante o processo produtivo, com a economia de recursos materiais e naturais.

No Brasil, a principal legislação ambiental sobre a logística reversa é a Política Nacional de Resíduos Sólidos (PNRS), que institui diretrizes relativas à gestão integrada e ao gerenciamento de resíduos sólidos, a qual vamos abordar mais adiante.

Ao final deste capítulo você deve conhecer os seguintes conceitos:

- principais leis sobre a questão ambiental;
- conceituação inicial de Logística Reversa;
- conceitos de Gestão de Recuperação de Produtos.

1.2 LEGISLAÇÃO AMBIENTAL

O aumento da população mundial no século XXI, a elevada geração de resíduos e sua destinação inadequada estão gerando sérios problemas ambientais e socioeconômicos a todos os países do globo. A poluição dos rios, da atmosfera e dos solos, em razão da utilização de grandes áreas para os aterros, estão a gerar doenças, sob um custo muito alto para a sociedade.

Países subdesenvolvidos ou em desenvolvimento como o Brasil vêm investindo no manejo e no tratamento de seus resíduos. Desde 1989, foi apresentado o Projeto de Lei nº 354/89, de 27 de outubro de 1989, ao Senado, o qual tratava da regulamentação do acondicionamento, da coleta, do tratamento, do transporte e da destinação final dos resíduos referentes ao segmento da saúde. Esse foi o marco para a elaboração da PNRS.

Figura 1.1
Legislação ambiental: as cidades têm de se adequar à Política Nacional de Resíduos Sólidos (PNRS), sob pena de não receberem recursos federais.

O projeto tramitou no Congresso Nacional por quase 20 anos, enfrentando muita resistência no setor industrial, em razão dos pressupostos da logística reversa presentes no texto. Posteriormente, tais conceitos, como o pós-consumo, tratados na logística reversa foram aceitos e considerados aplicáveis, com a devida compreensão das empresas e do governo. Os setores se uniram com o objetivo de prevenir e recuperar danos ambientais, sem deixar de lado a questão da responsabilidade social de uma sustentabilidade proativa integradora, o que gerou um consenso entre União, estados e municípios, empresas e toda a sociedade de maneira geral, de forma a servir de base para a aprovação da PNRS.

Com o intuito de prevenir ou reprimir danos à sociedade, resguardando seus direitos mais importantes, como a vida, a dignidade e o direito de desfrutar do meio ambiente, finalmente, em 2010, foi criada a Política Nacional de Resíduos Sólidos (PNRS), Lei nº 12.305/2010, de 2 de agosto de 2010. Foram estabelecidas as diretrizes quanto à gestão integrada e ao gerenciamento de resíduos sólidos, além das responsabilidades dos geradores e do poder público, bem como dos instrumentos econômicos aplicáveis.

O foco da Lei nº 12.305 é a logística reversa, por meio da qual é possível criar um tráfego de produtos que retornam às indústrias, em busca do reaproveitamento na cadeia produtiva.

A seguir, transcrevemos os principais pontos abordados na Lei nº 12.305, que discorre sobre o objeto e o campo de aplicação:

Art. 1º Esta Lei institui a Política Nacional de Resíduos Sólidos, dispondo sobre seus princípios, objetivos e instrumentos, bem como sobre as diretrizes relativas à gestão integrada e ao gerenciamento de resíduos sólidos, incluídos os perigosos, às responsabilidades dos geradores e do poder público e aos instrumentos econômicos aplicáveis.

§ 1º Estão sujeitas à observância desta Lei as pessoas físicas ou jurídicas, de direito público ou privado, responsáveis, direta ou indiretamente, pela geração de resíduos sólidos e as que desenvolvam ações relacionadas à gestão integrada ou ao gerenciamento de resíduos sólidos.

§ 2º Esta Lei não se aplica aos rejeitos radioativos, que são regulados por legislação específica.

Art. 2º Aplicam-se aos resíduos sólidos, além do disposto nesta Lei, nas Leis nº 11.445, de 5 de janeiro de 2007, 9.974, de 6 de junho de 2000, e 9.966, de 28 de abril de 2000, as normas estabelecidas pelos órgãos do Sistema Nacional do Meio Ambiente (Sisnama), do Sistema Nacional de Vigilância Sanitária (SNVS), do Sistema Unificado de Atenção à Sanidade Agropecuária (Suasa) e do Sistema Nacional de Metrologia, Normalização e Qualidade Industrial (Sinmetro).

CAPÍTULO II
DEFINIÇÕES

Art. 3º Para os efeitos desta Lei, entende-se por:

I – acordo setorial: ato de natureza contratual firmado entre o poder público e fabricantes, importadores, distribuidores ou comerciantes, tendo em vista a implantação da responsabilidade compartilhada pelo ciclo de vida do produto;

II – área contaminada: local onde há contaminação causada pela disposição, regular ou irregular, de quaisquer substâncias ou resíduos;

III – área órfã contaminada: área contaminada cujos responsáveis pela disposição não sejam identificáveis ou individualizáveis;

IV – ciclo de vida do produto: série de etapas que envolvem o desenvolvimento do produto, a obtenção de matérias-primas e insumos, o processo produtivo, o consumo e a disposição final;

V – coleta seletiva: coleta de resíduos sólidos previamente segregados conforme sua constituição ou composição;

VI – controle social: conjunto de mecanismos e procedimentos que garantam à sociedade informações e participação nos processos de formulação, implementação e avaliação das políticas públicas relacionadas aos resíduos sólidos;

VII – destinação final ambientalmente adequada: destinação de resíduos que inclui a reutilização, a reciclagem, a compostagem, a recuperação e o aproveitamento energético ou outras destinações admitidas pelos órgãos competentes do Sisnama, do SNVS e do Suasa, entre elas a disposição final, observando normas operacionais específicas de modo a evitar danos ou riscos à saúde pública e à segurança e a minimizar os impactos ambientais adversos;

VIII – disposição final ambientalmente adequada: distribuição ordenada de rejeitos em aterros, observando normas operacionais específicas de modo a evitar danos ou riscos à saúde pública e à segurança e a minimizar os impactos ambientais adversos;

IX – geradores de resíduos sólidos: pessoas físicas ou jurídicas, de direito público ou privado, que geram resíduos sólidos por meio de suas atividades, nelas incluído o consumo;

X – gerenciamento de resíduos sólidos: conjunto de ações exercidas, direta ou indiretamente, nas etapas de coleta, transporte, transbordo, tratamento e destinação final ambientalmente adequada dos resíduos sólidos e disposição final ambientalmente adequada dos rejeitos, de acordo com plano municipal de gestão integrada de resíduos sólidos ou com plano de gerenciamento de resíduos sólidos, exigidos na forma desta Lei;

XI – gestão integrada de resíduos sólidos: conjunto de ações voltadas para a busca de soluções para os resíduos sólidos, de forma a considerar as dimensões política, econômica, ambiental, cultural e social, com controle social e sob a premissa do desenvolvimento sustentável;

XII – logística reversa: instrumento de desenvolvimento econômico e social caracterizado por um conjunto de ações, procedimentos e meios destinados a viabilizar a coleta e a restituição dos resíduos sólidos ao setor empresarial, para reaproveitamento, em seu ciclo ou em outros ciclos produtivos, ou outra destinação final ambientalmente adequada;

XIII – padrões sustentáveis de produção e consumo: produção e consumo de bens e serviços de forma a atender as necessidades das atuais gerações e permitir melhores condições de vida, sem comprometer a qualidade ambiental e o atendimento das necessidades das gerações futuras;

XIV – reciclagem: processo de transformação dos resíduos sólidos que envolve a alteração de suas propriedades físicas, físico-químicas ou biológicas, com vistas à transformação em insumos ou novos produtos, observadas as condições e os padrões estabelecidos pelos órgãos competentes do Sisnama e, se couber, do SNVS e do Suasa;

XV – rejeitos: resíduos sólidos que, depois de esgotadas todas as possibilidades de tratamento e recuperação por processos tecnológicos disponíveis e economicamente viáveis, não apresentem outra possibilidade que não a disposição final ambientalmente adequada;

XVI – resíduos sólidos: material, substância, objeto ou bem descartado resultante de atividades humanas em sociedade, a cuja destinação final se procede, se propõe proceder ou se está obrigado a proceder, nos estados sólido ou semissólido, bem como gases contidos em recipientes e líquidos cujas particularidades tornem inviável o seu lançamento na rede pública de esgotos ou em corpos d'água, ou exijam para isso soluções técnica ou economicamente inviáveis em face da melhor tecnologia disponível;

XVII – responsabilidade compartilhada pelo ciclo de vida dos produtos: conjunto de atribuições individualizadas e encadeadas dos fabricantes, importadores, distribuidores e comerciantes, dos consumidores e dos titulares dos serviços públicos de limpeza urbana e de manejo dos resíduos sólidos, para minimizar o volume de resíduos sólidos e rejeitos gerados, bem como para reduzir os impactos causados à saúde humana e à qualidade ambiental decorrentes do ciclo de vida dos produtos, nos termos desta Lei;

XVIII – reutilização: processo de aproveitamento dos resíduos sólidos sem sua transformação biológica, física ou físico-química, observadas as condições e os padrões estabelecidos pelos órgãos competentes do Sisnama e, se couber, do SNVS e do Suasa;

XIX – serviço público de limpeza urbana e de manejo de resíduos sólidos: conjunto de atividades previstas no art. 7º da Lei nº 11.445, de 2007.

TÍTULO II
DA POLÍTICA NACIONAL DE RESÍDUOS SÓLIDOS

CAPÍTULO I
DISPOSIÇÕES GERAIS

Art. 4º A Política Nacional de Resíduos Sólidos reúne o conjunto de princípios, objetivos, instrumentos, diretrizes, metas e ações adotados pelo Governo Federal, isoladamente ou em regime de cooperação com Estados, Distrito Federal, Municípios ou particulares, com vistas à gestão integrada e ao gerenciamento ambientalmente adequado dos resíduos sólidos.

Art. 5º A Política Nacional de Resíduos Sólidos integra a Política Nacional do Meio Ambiente e articula-se com a Política Nacional de Educação Ambiental, regulada pela Lei nº 9.795, de 27 de abril de 1999, com a Política Federal de Saneamento Básico, regulada pela Lei nº 11.445, de 2007, e com a Lei nº 11.107, de 6 de abril de 2005.

CAPÍTULO II
DOS PRINCÍPIOS E OBJETIVOS

Art. 6º São princípios da Política Nacional de Resíduos Sólidos:

I – a prevenção e a precaução;

II – o poluidor-pagador e o protetor-recebedor;

III – a visão sistêmica, na gestão dos resíduos sólidos, que considere as variáveis ambiental, social, cultural, econômica, tecnológica e de saúde pública;

IV – o desenvolvimento sustentável;

V – a ecoeficiência, mediante a compatibilização entre o fornecimento, a preços competitivos, de bens e serviços qualificados que satisfaçam as necessidades humanas e tragam qualidade de vida e a redução do impacto ambiental e do consumo de recursos naturais a um nível, no mínimo, equivalente à capacidade de sustentação estimada do planeta;

VI – a cooperação entre as diferentes esferas do poder público, o setor empresarial e demais segmentos da sociedade;

VII – a responsabilidade compartilhada pelo ciclo de vida dos produtos;

VIII – o reconhecimento do resíduo sólido reutilizável e reciclável como um bem econômico e de valor social, gerador de trabalho e renda e promotor de cidadania;

IX – o respeito às diversidades locais e regionais;

X – o direito da sociedade à informação e ao controle social;

XI – a razoabilidade e a proporcionalidade.

Art. 7º São objetivos da Política Nacional de Resíduos Sólidos:

I – proteção da saúde pública e da qualidade ambiental;

II – não geração, redução, reutilização, reciclagem e tratamento dos resíduos sólidos, bem como disposição final ambientalmente adequada dos rejeitos;

III – estímulo à adoção de padrões sustentáveis de produção e consumo de bens e serviços;

IV – adoção, desenvolvimento e aprimoramento de tecnologias limpas como forma de minimizar impactos ambientais;

V – redução do volume e da periculosidade dos resíduos perigosos;

VI – incentivo à indústria da reciclagem, tendo em vista fomentar o uso de matérias-primas e insumos derivados de materiais recicláveis e reciclados;

VII – gestão integrada de resíduos sólidos;

VIII – articulação entre as diferentes esferas do poder público, e destas com o setor empresarial, com vistas à cooperação técnica e financeira para a gestão integrada de resíduos sólidos;

IX – capacitação técnica continuada na área de resíduos sólidos;

X – regularidade, continuidade, funcionalidade e universalização da prestação dos serviços públicos de limpeza urbana e de manejo de resíduos sólidos, com adoção de mecanismos gerenciais e econômicos que assegurem a recuperação dos custos dos serviços prestados, como forma de garantir sua sustentabilidade operacional e financeira, observada a Lei nº 11.445, de 2007;

XI – prioridade, nas aquisições e contratações governamentais, para:

   a) produtos reciclados e recicláveis;

   b) bens, serviços e obras que considerem critérios compatíveis com padrões de consumo social e ambientalmente sustentáveis;

XII – integração dos catadores de materiais reutilizáveis e recicláveis nas ações que envolvam a responsabilidade compartilhada pelo ciclo de vida dos produtos;

XIII – estímulo à implementação da avaliação do ciclo de vida do produto;

XIV – incentivo ao desenvolvimento de sistemas de gestão ambiental e empresarial voltados para a melhoria dos processos produtivos e ao reaproveitamento dos resíduos sólidos, incluídos a recuperação e o aproveitamento energético;

XV – estímulo à rotulagem ambiental e ao consumo sustentável.

CAPÍTULO III
DOS INSTRUMENTOS

Art. 8º São instrumentos da Política Nacional de Resíduos Sólidos, entre outros:

I – os planos de resíduos sólidos;

II – os inventários e o sistema declaratório anual de resíduos sólidos;

III – a coleta seletiva, os sistemas de logística reversa e outras ferramentas relacionadas à implementação da responsabilidade compartilhada pelo ciclo de vida dos produtos;

IV – o incentivo à criação e ao desenvolvimento de cooperativas ou de outras formas de associação de catadores de materiais reutilizáveis e recicláveis;

V – o monitoramento e a fiscalização ambiental, sanitária e agropecuária;

VI – a cooperação técnica e financeira entre os setores público e privado para o desenvolvimento de pesquisas de novos produtos, métodos, processos e tecnologias de gestão, reciclagem, reutilização, tratamento de resíduos e disposição final ambientalmente adequada de rejeitos;

VII – a pesquisa científica e tecnológica;

VIII – a educação ambiental;

IX – os incentivos fiscais, financeiros e creditícios;

X – o Fundo Nacional do Meio Ambiente e o Fundo Nacional de Desenvolvimento Científico e Tecnológico;

XI – o Sistema Nacional de Informações sobre a Gestão dos Resíduos Sólidos (Sinir);

XII – o Sistema Nacional de Informações em Saneamento Básico (Sinisa);

XIII – os conselhos de meio ambiente e, no que couber, os de saúde;

XIV – os órgãos colegiados municipais destinados ao controle social dos serviços de resíduos sólidos urbanos;

XV – o Cadastro Nacional de Operadores de Resíduos Perigosos;

XVI – os acordos setoriais;

XVII – no que couber, os instrumentos da Política Nacional de Meio Ambiente, entre eles:

a) os padrões de qualidade ambiental;

b) o Cadastro Técnico Federal de Atividades Potencialmente Poluidoras ou Utilizadoras de Recursos Ambientais;

c) o Cadastro Técnico Federal de Atividades e Instrumentos de Defesa Ambiental;

d) a avaliação de impactos ambientais;

e) o Sistema Nacional de Informação sobre Meio Ambiente (Sinima);

f) o licenciamento e a revisão de atividades efetiva ou potencialmente poluidoras;

XVIII – os termos de compromisso e os termos de ajustamento de conduta;

XIX – o incentivo à adoção de consórcios ou de outras formas de cooperação entre os entes federados, com vistas à elevação das escalas de aproveitamento e à redução dos custos envolvidos.

TÍTULO III
DAS DIRETRIZES APLICÁVEIS AOS RESÍDUOS SÓLIDOS
CAPÍTULO I
DISPOSIÇÕES PRELIMINARES

Art. 9º Na gestão e gerenciamento de resíduos sólidos, deve ser observada a seguinte ordem de prioridade: não geração, redução, reutilização, reciclagem, tratamento dos resíduos sólidos e disposição final ambientalmente adequada dos rejeitos.

§ 1º Poderão ser utilizadas tecnologias visando à recuperação energética dos resíduos sólidos urbanos, desde que tenha sido comprovada sua viabilidade técnica e ambiental e com a implantação de programa de monitoramento de emissão de gases tóxicos aprovado pelo órgão ambiental.

§ 2º A Política Nacional de Resíduos Sólidos e as Políticas de Resíduos Sólidos dos Estados, do Distrito Federal e dos Municípios serão compatíveis com o disposto no **caput** e no § 1º deste artigo e com as demais diretrizes estabelecidas nesta Lei.

Art. 10. Incumbe ao Distrito Federal e aos Municípios a gestão integrada dos resíduos sólidos gerados nos respectivos territórios, sem prejuízo das competências de controle e fiscalização dos órgãos federais e estaduais do Sisnama, do SNVS e do Suasa, bem como da responsabilidade do gerador pelo gerenciamento de resíduos, consoante o estabelecido nesta Lei.

Art. 11. Observadas as diretrizes e demais determinações estabelecidas nesta Lei e em seu regulamento, incumbe aos Estados:

I – promover a integração da organização, do planejamento e da execução das funções públicas de interesse comum relacionadas à gestão dos resíduos sólidos nas regiões metropolitanas, aglomerações urbanas e microrregiões, nos termos da lei complementar estadual prevista no § 3º do art. 25 da Constituição Federal;

II – controlar e fiscalizar as atividades dos geradores sujeitas a licenciamento ambiental pelo órgão estadual do Sisnama.

Parágrafo único. A atuação do Estado na forma do **caput** deve apoiar e priorizar as iniciativas do Município de soluções consorciadas ou compartilhadas entre 2 (dois) ou mais Municípios.

Art. 12. A União, os Estados, o Distrito Federal e os Municípios organizarão e manterão, de forma conjunta, o Sistema Nacional de Informações sobre a Gestão dos Resíduos Sólidos (Sinir), articulado com o Sinisa e o Sinima.

Parágrafo único. Incumbe aos Estados, ao Distrito Federal e aos Municípios fornecer ao órgão federal responsável pela coordenação do Sinir todas as informações necessárias sobre os resíduos sob sua esfera de competência, na forma e na periodicidade estabelecidas em regulamento.

Art. 13. Para os efeitos desta Lei, os resíduos sólidos têm a seguinte classificação:

I – quanto à origem:

a) resíduos domiciliares: os originários de atividades domésticas em residências urbanas;

b) resíduos de limpeza urbana: os originários da varrição, limpeza de logradouros e vias públicas e outros serviços de limpeza urbana;

c) resíduos sólidos urbanos: os englobados nas alíneas "a" e "b";

d) resíduos de estabelecimentos comerciais e prestadores de serviços: os gerados nessas atividades, excetuados os referidos nas alíneas "b", "e", "g", "h" e "j";

e) resíduos dos serviços públicos de saneamento básico: os gerados nessas atividades, excetuados os referidos na alínea "c";

f) resíduos industriais: os gerados nos processos produtivos e instalações industriais;

g) resíduos de serviços de saúde: os gerados nos serviços de saúde, conforme definido em regulamento ou em normas estabelecidas pelos órgãos do Sisnama e do SNVS;

h) resíduos da construção civil: os gerados nas construções, reformas, reparos e demolições de obras de construção civil, incluídos os resultantes da preparação e escavação de terrenos para obras civis;

i) resíduos agrossilvopastoris: os gerados nas atividades agropecuárias e silviculturais, incluídos os relacionados a insumos utilizados nessas atividades;

j) resíduos de serviços de transportes: os originários de portos, aeroportos, terminais alfandegários, rodoviários e ferroviários e passagens de fronteira;

k) resíduos de mineração: os gerados na atividade de pesquisa, extração ou beneficiamento de minérios;

II quanto à periculosidade:

a) resíduos perigosos: aqueles que, em razão de suas características de inflamabilidade, corrosividade, reatividade, toxicidade, patogenicidade, carcinogenicidade, teratogenicidade e mutagenicidade, apresentam significativo risco à saúde pública ou à qualidade ambiental, de acordo com lei, regulamento ou norma técnica;

b) resíduos não perigosos: aqueles não enquadrados na alínea "a".

Parágrafo único. Respeitado o disposto no art. 20, os resíduos referidos na alínea "d" do inciso I do **caput**, se caracterizados como não perigosos, podem, em razão de sua natureza, composição ou volume, ser equiparados aos resíduos domiciliares pelo poder público municipal.

CAPÍTULO II
DOS PLANOS DE RESÍDUOS SÓLIDOS

Seção I
Disposições Gerais

Art. 14. São planos de resíduos sólidos:

I – o Plano Nacional de Resíduos Sólidos;

II – os planos estaduais de resíduos sólidos;

III – os planos microrregionais de resíduos sólidos e os planos de resíduos sólidos de regiões metropolitanas ou aglomerações urbanas;

IV – os planos intermunicipais de resíduos sólidos;

V – os planos municipais de gestão integrada de resíduos sólidos;

VI – os planos de gerenciamento de resíduos sólidos.

Parágrafo único. É assegurada ampla publicidade ao conteúdo dos planos de resíduos sólidos, bem como controle social em sua formulação, implementação e operacionalização, observado o disposto na Lei nº 10.650, de 16 de abril de 2003, e no art. 47 da Lei nº 11.445, de 2007.

Seção II
Do Plano Nacional de Resíduos Sólidos

Art. 15. A União elaborará, sob a coordenação do Ministério do Meio Ambiente, o Plano Nacional de Resíduos Sólidos, com vigência por prazo indeterminado e horizonte de 20 (vinte) anos, a ser atualizado a cada 4 (quatro) anos, tendo como conteúdo mínimo:

I – diagnóstico da situação atual dos resíduos sólidos;

II – proposição de cenários, incluindo tendências internacionais e macroeconômicas;

III – metas de redução, reutilização, reciclagem, entre outras, com vistas a reduzir a quantidade de resíduos e rejeitos encaminhados para disposição final ambientalmente adequada;

IV – metas para o aproveitamento energético dos gases gerados nas unidades de disposição final de resíduos sólidos;

V – metas para a eliminação e recuperação de lixões, associadas à inclusão social e à emancipação econômica de catadores de materiais reutilizáveis e recicláveis;

VI – programas, projetos e ações para o atendimento das metas previstas;

VII – normas e condicionantes técnicas para o acesso a recursos da União, para a obtenção de seu aval ou para o acesso a recursos administrados, direta ou indiretamente, por entidade federal, quando destinados a ações e programas de interesse dos resíduos sólidos;

VIII – medidas para incentivar e viabilizar a gestão regionalizada dos resíduos sólidos;

IX – diretrizes para o planejamento e demais atividades de gestão de resíduos sólidos das regiões integradas de desenvolvimento instituídas por lei complementar, bem como para as áreas de especial interesse turístico;

X – normas e diretrizes para a disposição final de rejeitos e, quando couber, de resíduos;

XI – meios a serem utilizados para o controle e a fiscalização, no âmbito nacional, de sua implementação e operacionalização, assegurado o controle social.

Parágrafo único. O Plano Nacional de Resíduos Sólidos será elaborado mediante processo de mobilização e participação social, incluindo a realização de audiências e consultas públicas. (BRASIL, 2010)

A Lei nº 12.305 pode ser consultada na íntegra em: <http://www.planalto.gov.br/ccivil_03/_ato2007-2010/2010/lei/l12305.htm>. Acesso em: 15 fev. 2017.

1.3 PRINCÍPIOS DE LOGÍSTICA REVERSA

O termo "logística reversa" está ligado às operações de reutilização de produtos e materiais. Engloba as atividades logísticas de coleta, desmontagem e processamento de produtos, materiais e peças usadas, além da sua reciclagem e dos aspectos ambientais, em busca da sustentabilidade e do atendimento à legislação.

Figura 1.2
Esquema representando a cadeia da logística reversa: varejo, consumidor final, coleta e seleção, reciclagem, indústria e distribuidor.

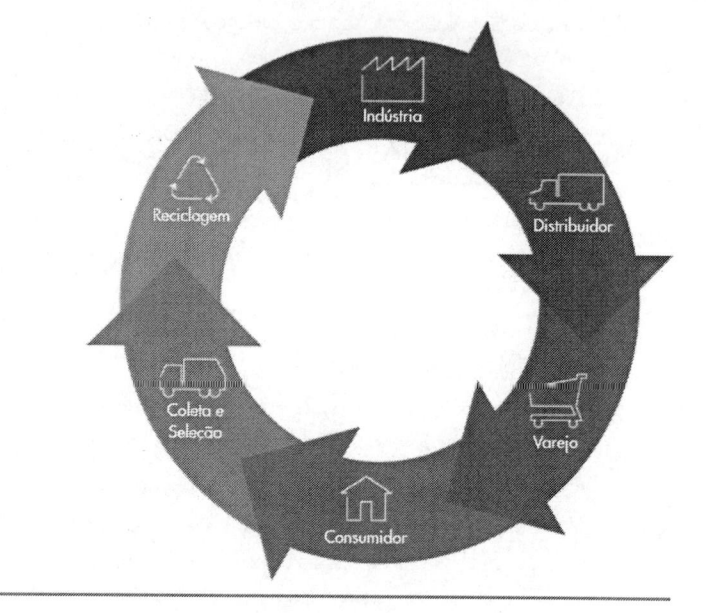

Esquema elaborado pelos autores.

A necessidade de preservação ambiental e a busca por vantagens competitivas explica a importância da logística reversa no mundo corporativo, a qual desempenha diversas funções nas empresas, tais como:

- planejamento de todo o fluxo de materiais;
- gestão do fluxo de informações de todo o processo;
- movimentação de produtos na cadeia produtiva, do consumidor para o produtor;
- otimização dos recursos empregados no processo produtivo e reciclagem;
- correta destinação de itens, após utilização.

Já vimos que o principal instrumento da Política Nacional de Resíduos Sólidos (PNRS) é a Lei nº 12.305, de 2 de agosto de 2010. É importante apresentar ainda o

Decreto nº 7.404, de 23 de dezembro de 2010, que regulamentou a Lei nº 12.305 e versa sobre a responsabilidade compartilhada pelo ciclo de vida dos produtos e a logística reversa.

Figura 1.3
Resíduos sólidos descartados de maneira irregular (Toronto, Canadá). Esse tipo de descarte pode gerar contaminação do solo.

Ken Felepchuk/Shutterstock.com

A responsabilidade compartilhada pelo ciclo de vida dos produtos é o conjunto de atribuições individualizadas e encadeadas entre os agentes envolvidos. Trata-se de importadores, fabricantes, distribuidores, comerciantes, consumidores e titulares dos serviços públicos de limpeza urbana e de manejo dos resíduos sólidos. Seu principal objetivo é minimizar o volume de resíduos sólidos e rejeitos gerados e também a redução dos impactos causados às pessoas e à qualidade ambiental decorrentes do ciclo de vida dos produtos.

A PNRS considera a logística reversa um dos instrumentos para aplicação da responsabilidade compartilhada pelo ciclo de vida dos produtos, que é considerada um instrumento de desenvolvimento econômico e social. Caracteriza-se por diversas ações e procedimentos em busca da viabilização da coleta e da restituição dos resíduos sólidos ao setor empresarial. O objetivo é uma destinação final ambientalmente adequada desses resíduos por meio de seu reaproveitamento tanto em seu ciclo como em outros ciclos produtivos.

Logística reversa é a área da logística que atua de modo a gerenciar bens e materiais após sua venda e consumo, retornando estes a sua origem, agregando valor.

Economicamente, ambientalmente e socialmente, essa ferramenta tem tamanha contribuição com relação ao reaproveitamento de material e até mesmo produtos acabados, assim contribuindo com a diminuição da necessidade de matéria-prima em alguns casos.

A gestão da logística reversa pode ser definida como **Gestão de Recuperação de Produtos** (PRM – Product Recovery Management), pois cuida dos produtos e dos materiais após seu uso. Algumas das atividades da logística reversa funcionam, de certa forma, não apenas como as que acontecem no caso de devolução de itens defeituosos ou que sofrem avarias, mas a logística reversa se refere a todos os processos de recolher, desmontar e processar produtos usados, partes de produtos e/ou materiais para garantir uma recuperação total ou parcial, o que traz benefícios ao meio ambiente.

São cinco as questões básicas que a logística reversa precisa levantar em seus processos, veja a seguir:

1. Quais alternativas estão disponíveis para recuperar produtos, partes de produtos e materiais?
2. Quem deve realizar as diversas atividades de recuperação?
3. Como essas atividades devem ser realizadas?
4. É possível integrar as atividades típicas da logística reversa com sistemas de distribuição e produção clássicos?
5. Quais são os custos e benefícios da logística reversa, do ponto de vista econômico e ambiental?

Décadas atrás as empresas não se preocupavam com seus produtos após eles serem adquiridos; dessa forma, a grande maioria dos produtos após usados eram descartados nos lixos comuns, causando terríveis danos ao meio ambiente; hoje em dia, porém, é cada vez maior o número de consumidores e autoridades envolvidos na esperança da diminuição do lixo gerado por esses produtos, o que faz aumentar a atenção ao gerenciamento de resíduos. Recentemente, novas leis de gerenciamento de resíduos colocaram em questão a recuperação, em razão do alto custo e dos impactos sociais na ação do descarte dos resíduos.

As empresas que aderem a essa ferramenta levam em conta os seguintes aspectos:

- **Legislação**: leis ambientais que obriguem as empresas a receber de volta seus produtos e cuidar de seu tratamento.
- **Economia:** benefícios econômicos de usar produtos devolvidos no processo produtivo, em vez de descartá-los.
- **Impacto social**: a crescente consciência ambiental dos consumidores.

Temos como opção para a logística reversa, na recuperação dos produtos:

- **Reúso direto**: produtos que não necessitam de reparos, apenas são higienizados e já podem voltar ao mercado consumidor.
- **Reparo**: o produto recebe simples reparos que comprometem muitas vezes a qualidade de sua funcionalidade, se comparado com a de um produto novo, mas mantém suas características de funcionamento.
- **Reciclagem:** o produto não mantém sua funcionalidade e suas partes podem ser recuperadas e utilizadas em processos de novos produtos.
- **Refurbishing:** o produto é "formatado" de forma a atingir padrões de qualidade e operações próximos aos produtos novos.
- **Remanufatura:** os produtos são totalmente desfeitos e suas partes são rigidamente examinadas. O que for preciso ser substituído será, e o produto será novamente montado e passará por uma avaliação criteriosa de qualidade, recebendo condições de garantias de um produto novo.

1.3.1 Principais problemas na logística reversa

A busca da satisfação do cliente é uma constante no mundo corporativo e passa pelo sucesso na logística reversa. Com esse processo bem estruturado é possível agregar valor ao cliente, gerando satisfação e fidelização, bem como redução nos custos da empresa. Quando se trata de devolução de produto, por exemplo, é importante saber diagnosticar precisamente o seu motivo para tratar o assunto no detalhe e descobrir suas causas.

As empresas devem ter uma estrutura eficiente de serviço de atendimento ao cliente, de forma a tratar rapidamente as ocorrências. Via de regra, essas ocorrências se dividem em duas categoriais:

1. **Produtos e mercadorias que não chegam até o destinatário final**: normalmente esses casos se relacionam com a falta de integração entre os sistemas da empresa, gerando erros quanto aos endereços dos destinatários ou mesmo a falta de comunicação quanto ao horário da entrega e a disponibilidade do cliente para receber o produto ou mercadoria.
2. **Produtos e mercadorias defeituosas:** na maior parte desses casos, o produto ou a embalagem estão com avarias, ou o produto/mercadoria entregues estão com especificações erradas (cor, modelo, características técnicas). Provavelmente, as causas se referem ao mau acondicionamento nos estoques, cadastro mal-executado do produto ou falta de integração entre *backoffice* e Sistema WMS, apresentação incompleta do produto no site, falta de padronização dos itens etc.

Cada vez mais, a definição clara e por escrito dos processos, bem como contar com uma estrutura integrada e organizada, pode fazer toda a diferença no momento de identificar os problemas e buscar soluções eficientes para a empresa e para o cliente.

O QUE VIMOS NESTE CAPÍTULO

Neste capítulo vimos os motivos de estudarmos a logística reversa, tendo em mente seu objetivo, conceito e legislação por meio dos seguintes tópicos:

- Foco da logística reversa na Lei nº 13.305, de 2 de agosto de 2010, que discorre sobre o objeto e o campo de sua aplicação.
- Os princípios da logística reversa, que explicam sua ligação com as operações de reutilização de produtos e materiais.
- A logística reversa como um dos instrumentos para a aplicação da responsabilidade compartilhada pelo ciclo de vida dos produtos e para o desenvolvimento econômico e social.
- Opções para a logística reversa na recuperação de produtos, como reúso indireto, reparo, reciclagem, remanufatura etc.
- Principais problemas na logística reversa, como produtos e mercadorias que não chegam até o destinatário final, produtos e mercadorias defeituosas etc.

QUESTÕES PARA REFLEXÃO

1. Qual é a importância da logística reversa quanto aos custos envolvidos no processo?

2. É possível atender à legislação ambiental e ao mesmo tempo ter custos aceitáveis no processo de logística reversa? Dê exemplos.

3. Como integrar as atividades típicas da logística reversa aos sistemas de distribuição e produção convencionais?

4. Quais são os principais benefícios da logística reversa, do ponto de vista econômico e ambiental?

5. Como a PNRS pode contribuir para a sustentabilidade? De que as empresas precisam para atender a essa política? Dê exemplos.

Capítulo 2

REDE LOGÍSTICA DE RETORNO: PLANEJAMENTO E RECURSOS LOGÍSTICOS

2.1 INTRODUÇÃO

Estudos mostram que as operações logísticas, ou parte delas, não existem de forma isolada. Isso revela que todas elas são parte integrante de uma rede maior, complexa, e interconectadas com outras operações. Dessa forma, esse conjunto de operações forma a cadeia de suprimentos e invariavelmente, em primeiro nível, tem como elementos evidentes os fornecedores e os clientes, que, por sua vez, em segundo nível, também têm seus fornecedores e clientes, assim sucessivamente a partir da empresa local, "aquela que estabelece regras ou governa a cadeia de suprimento, mantém contato direto com o consumidor ou projeta os produtos que a cadeia oferece" (Seuring & Müller, 2008), como na Figura 2.1.

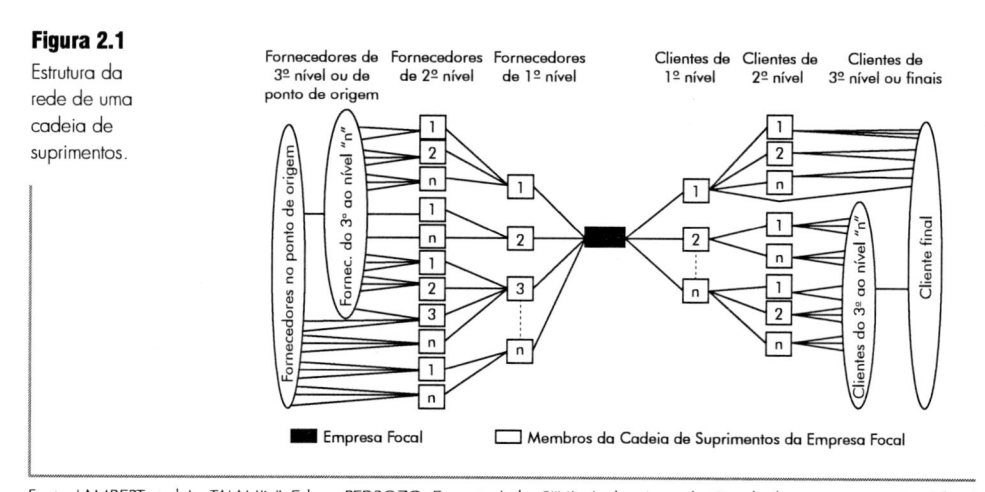

Figura 2.1
Estrutura da rede de uma cadeia de suprimentos.

Fonte: LAMBERT et al. In: TALAMINI, Edson; PEDROZO, Eugenio Avila; SILVA, Andrea Lago da. Supply chain management and food safety: exploratory research into Brazil's pork export supply chain, *Gestão & Produção*, São Carlos, v. 12, n. 1, jan.-abr. 2005.

A rede logística de retorno é uma parte da cadeia de suprimentos, e suas definições básicas serão ampliadas e desenvolvidas ao longo deste capítulo.

2.2 CADEIA DE SUPRIMENTOS

A Cadeia de suprimentos, à qual muitos se referem como *supply chain*, de acordo com Martin Christopher (2011), tem seu gerenciamento apoiado na logística que é essencialmente a orientação e a estrutura de planejamento que busca criar um plano único para o fluxo de informações e produtos ao longo de um negócio.

Para conceituar e definir melhor o que é a cadeia de suprimentos, buscou-se entre alguns autores o entendimento sobre a cadeia de suprimentos, veja a Tabela 2.1.

Tabela 2.1 – Definições de cadeia de suprimentos

Autores	Definições
James Aitken (1988)	Uma rede de organizações conectadas e interdependentes, trabalhando conjuntamente, em regime de cooperação mútua, para controlar, gerenciar e aperfeiçoar o fluxo de matérias-primas e informações dos fornecedores para os clientes finais.
Rockford Consulting Group – RCG (2001)	É o processo da movimentação de bens desde o pedido do cliente por meio dos estágios de aquisição de matéria-prima, produção até a distribuição dos bens para os clientes.
Emerson Bond (2002)	Uma metodologia criada para alinhar todas as atividades de produção, armazenamento e transporte de forma sincronizada visando à obtenção na redução de custos, minimizar ciclos e maximizar o valor percebido pelo usuário final em busca de resultados superiores.
Ronald H. Ballou (2011)	Um conjunto de atividades funcionais (transportes, controle de estoque etc.) que se repetem inúmeras vezes ao longo do canal pelo qual matérias-primas vão sendo convertidas em produtos acabados, aos quais se agrega valor ao consumidor.

Tabela elaborada pelos autores com base em: AITKEN, J. *Supply Chain Integration within the Context of Supplier Association.* Tese. Cranfield University, 1998; PEREIRA, M. V. de F. *Gerenciamento da cadeia de suprimentos*: abordagem da negociação empresarial para garantia do fornecimento de materiais. 2011. Monografia. Faculdade Tecsoma, Paracatu, 2011; BOND, E. *Medição de desempenho para gestão da produção em um cenário de cadeia de suprimentos.* 2002. Dissertação. Escola de Engenharia de São Carlos, São Carlos, 2002; BALLOU, R. H. *Gerenciamento da cadeia de suprimentos*: planejamento, organização e logística empresarial. 4. ed. Rio Grande do Sul: Bookman, 2001.

O gerenciamento da cadeia de suprimentos apresenta-se no atual ambiente de negócios como uma ferramenta que permite ligar o mercado, a rede de distribuição, o processo de produção e a atividade de compra de tal modo a atingir resultados mais lucrativos para todas as partes e para que todos os consumidores tenham um alto nível de serviço ao menor custo total, simplificando assim o complexo processo de negócios e ganhando em eficiência (BALLOU et al., 2011; CHRISTOPHER, 2011).

Com base nas definições citadas, pode-se concluir que a cadeia de suprimentos se caracteriza pelo conjunto de redes logísticas com fluxo e refluxo de produtos e serviços, e é formada por vários agentes que atuam em diferentes momentos do processo; entre eles, encontram-se: fornecedores, clientes, fabricantes, varejistas, distribuidores e os consumidores finais.

AMPLIE SEUS CONHECIMENTOS

Veja o módulo 1 do vídeo *Supply Chain Management* [Gestão da cadeia de suprimentos], produzido pela Arizona State University em 2010 (com legendas em português aplicadas pelo International Supply Chain Education Alliance – Iscea). O vídeo introduz o público ao campo da cadeia de suprimentos, descrevendo a complexa cadeia de suprimentos de um simples produto: uma garrafa de água. Disponível em: <https://youtu.be/E1viFYWocGU>. Acesso em: 13 mar. 2017.

2.3 REDE LOGÍSTICA

Sendo a rede logística uma parte da cadeia de suprimentos, pode-se caracterizá-la como a responsável pelo processo de gerenciamento dos fluxos dos materiais (transporte), do suprimento de matéria-prima, produtos acabados e a armazenagem, até a entrega dos produtos finais aos consumidores, buscando viabilizar os custos de cada operação. A rede é responsável também por planejar e gerenciar quaisquer dos retornos que houver nas operações logísticas com produtos e serviços.

O processo de gerenciamento da rede logística, de acordo com Corrêa e Xavier (2013), um dos aspectos mais complexos é encarado pelas operações que trabalham com o varejo, comparado com a indústria e o comércio atacadista. Operações com rede logística varejista requerem soluções sofisticadas de distribuição física, de gestão de estoques e níveis de serviço. Assim, para minimizar quaisquer complexidades operacionais das redes logísticas, faz-se necessário um planejamento abrangente.

2.3.1 Planejamento de rede logística

Nos últimos anos, a logística vem exercendo papel fundamental na tomada de decisões estratégicas das empresas. E um fator importante que sempre está presente no planejamento estratégico dessas companhias é a questão da responsabilidade ambiental. Nesse contexto, a logística reversa tem papel importante por suas atividades e na imagem da companhia.

O planejamento de rede logística abrange o dimensionamento de instalações, a localização dos estoques e a definição da política de transporte mais adequada. Um bom planejamento deve minimizar os custos da rede logística tendo que atender à determinada demanda e devendo satisfazer certos limites de nível de serviço.

2.3.2 Tipos de rede logística

Para darmos continuidade, identificarmos e entendermos os tipos de redes logísticas, vamos resgatar o que concluímos ao final do tópico sobre cadeia de suprimentos. Lá registramos que "a cadeia de suprimentos se caracteriza pelo conjunto de redes logísticas com fluxo e refluxo de produtos e serviços, e é formada por vários agentes que atuam em diferentes momentos do processo...". Essa afirmação deixa claro que existem dois tipos básicos de rede logística, como mostra a Figura 2.2: rede logística de fluxo (tradicional) e a rede logística de refluxo (retorno ou reversa).

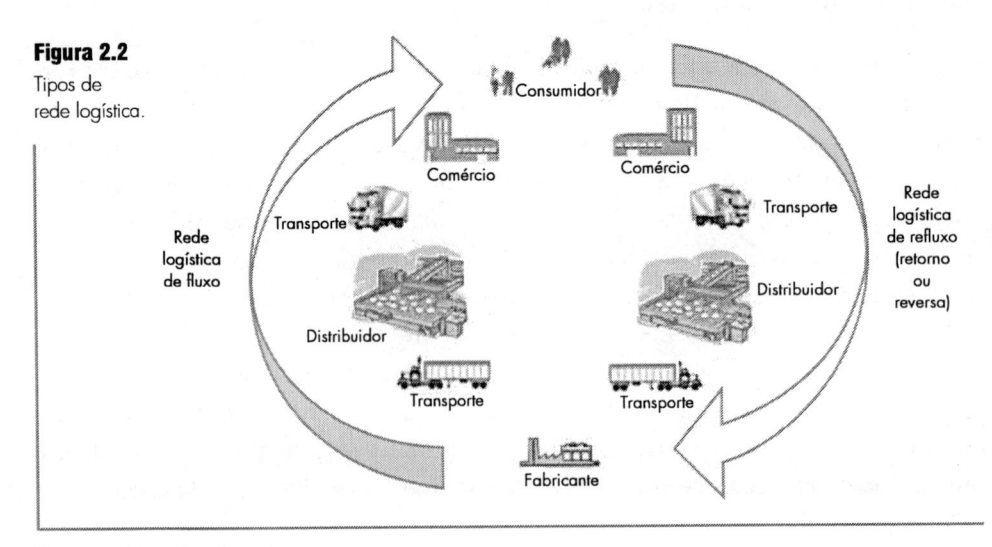

Figura 2.2
Tipos de rede logística.

Esquema elaborado pelos autores.

O estudo da rede logística de fluxo (tradicional) não é novidade, pois nos últimos anos as organizações estão trabalhando horas afinco com o intuito de minimizar seus custos, dando ênfase às embalagens, ao sistema de montagem de carga, ao tamanho de lotes, à distribuição de produtos, enfim, estão buscando o entendimento de fase por fase desse fluxo.

Não menos importante, a rede logística de refluxo (retorno ou reversa) vem cada vez mais ganhando espaço na gestão empresarial e governamental e na continuidade deste capítulo, agora que você já entendeu em que contexto essa rede está inserida, vamos, a partir do próximo tópico, dar ênfase a ela.

2.4 REDE LOGÍSTICA DE RETORNO (RLR)

2.4.1 Concepção de rede logística de retorno

Para unificarmos a linguagem, a partir desse tópico vamos passar a tratar a rede logística de refluxo (retorno ou reversa) como RLR.

Toda rede logística requer um elemento comum, que é a infraestrutura apropriada a suas características. Na RLR não é diferente. Assim como na rede logística de fluxo tradicional, os vários processos de um negócio precisam ser incorporados numa rede correspondente.

Os dirigentes das organizações já entenderam a necessidade de estar contemplado no planejamento estratégico um projeto específico para tratar das questões da RLR, dada a sua importância em toda a cadeia. Antes, quando se tratava de rede logística, pensava-se apenas na localização das instalações de produção, conceitos de armazenamento e transporte. Ao longo do tempo, foi ficando claro que estabelecer estratégias também para a RLR é fator determinante para o desempenho da cadeia de suprimentos das organizações. E ficou claro também que as RLRs têm pelo menos três necessidades distintas para existirem, quais sejam: devolução, reúso, reciclagem.

Essas três necessidades serão objeto de estudo nos tópicos seguintes.

2.4.2 Planejamento da RLR

Ao iniciar o processo de planejamento da RLR, a rede logística convencional deve estar consolidada e com todos os processos já mapeados. A empresa já deve ter uma estrutura logística que facilita a fluidez dos produtos de forma otimizada, além de ter também identificado os diversos processos da RLR e como projetar as ligações das necessidades correspondentes.

Nesse contexto, é de extrema importância planejar as operações de refluxo, de modo a responder às seguintes questões: Como recolher os produtos que necessitam de retorno? Onde separar os recursos recuperáveis a partir de sucata? Onde reprocessar produtos recolhidos para torná-los aptos à reutilização, e como distribuir produtos recuperados para futuros clientes? Destacadas as principais questões a serem respondidas e enfrentadas, a empresa terá que decidir sobre a implantação de uma RLR, o que vai lhe consumir energia tanto quanto a rede de fluxo tradicional que abastece a cadeia de suprimentos.

Quando se pensa em RLR, não há como implantar quaisquer ações sem antes discutir sobre a cadeia global de suprimentos, a qual ela faz parte, pois a maioria das empresas pensa em uma cadeia de suprimentos apenas como rede logística de fluxo tradicional, cujas matérias-primas são processadas, transformadas em produtos e distribuídas para os consumidores.

2.4.3 Comparação entre a RLR e a rede logística tradicional (fluxo)

Que a RLR opera de uma maneira inversa já é sabido, mas existem muitas outras diferenças entre os processos de fluxo e refluxo das redes. Entre as muitas diferenças existentes entre as duas redes, vigora o fato de que a RLR é dependente do produto e empurra-o de volta para a cadeia de suprimentos. Enquanto a rede logística tradicional (fluxo) é essencialmente dependente dos clientes que puxam o produto da cadeia de suprimentos.

Nesse contexto, de acordo com Marcotte (et al., 2008) isso torna o processo da rede logística totalmente impulsionado por suprimentos, e, quando se compara com as duas redes, encontram-se muitas outras diferenças presentes, como rotas, destinos, custos, qualidade, opções de descarte, gestão de estoques, visibilidade e tempo de ciclo. Por exemplo, na RLR, o tempo de ciclo necessário para recolher o produto é incerto, o que não é, geralmente, o caso quando se trata da coleta de matérias-primas na rede logística tradicional (fluxo). Em razão dessa grande incerteza, os canais reversos tendem a ser mais difíceis de gerir. A Tabela 2.2 sintetiza bem as principais diferenças encontradas.

Tabela 2.2 – Diferenças entre a rede logística tradicional e a RLR

Rede Logística Tradicional (Fluxo)	Rede Logística de Retorno (Refluxo)
Previsão com base na demanda.	Dificuldades para prever a quantidade de produtos que retornará.
Qualidade do produto é uniforme.	Não há uniformidade na qualidade do produto.
Embalagem do produto é uniforme.	A uniformidade na embalagem do produto é inexistente.
Sequência de processamento clara e ajustada.	A sequência de processamento não é clara até que cada produto é testado e classificado e as várias opções à disposição sejam consideradas.
Preços relativamente uniformes.	Preços dependem de muitos fatores.
Custos de distribuição a médio prazo são acompanhados de perto pelos sistemas contábeis.	Há dificuldades em planejar os custos até que os produtos sejam classificados.
Gestão de estoque previsível e consistente.	Gestão de estoque nem sempre previsível e consistente.
Informações em tempo real disponíveis para rastrear produtos.	Visibilidade do processo menos transparente.

Tabela elaborada pelos autores.

Os produtos devolvidos podem variar em tamanho, qualidade, tipos etc. Em um canal da rede logística tradicional, a qualidade dos insumos entregues pode ser controlada de acordo com as necessidades, enquanto em uma RLR a qualidade dos insumos não pode ser controlada da mesma maneira.

2.4.4 O projeto de RLR

Ao dar início a um projeto de RLR, sugere-se uma subdivisão da rede em duas partes principais. Em primeiro lugar, uma parte convergente acumula produtos utilizados a partir de fontes individuais e transporta-os para alguma instalação de reciclagem. Em segundo lugar, a parte de rede divergente liga instalações de recuperação para clientes individuais e compra de produtos reutilizáveis. Entre essas duas partes da rede dá-se o real processo de transformação de conversão de produtos utilizados em reutilizáveis, veja a Figura 2.3.

Figura 2.3
Subdivisão da RLR.

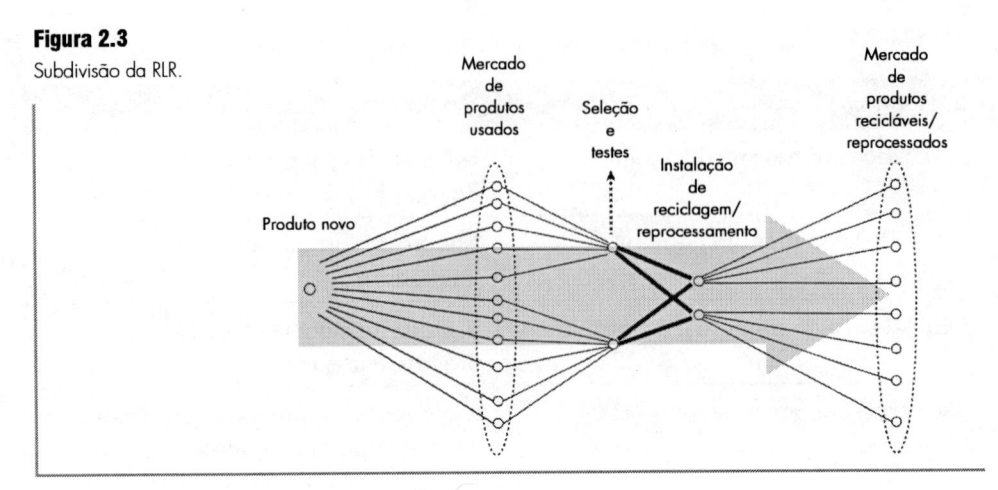

Esquema elaborado pelos autores.

2.4.4.1 Reprocessamento

Muitas vezes, a fase de reprocessamento requer os mais elevados investimentos na RLR. Os custos para remanufatura especializada ou equipamento de reciclagem em grande parte influenciam demais a viabilidade econômica de toda a cadeia. Em muitos casos, os custos elevados de investimento na chamada fase de reprocessamento são mais elevados que os da fase de processamento e muito menos rentáveis.

Assim, é necessário não apenas um volume de vendas suficientemente para produtos novos, mas também uma oferta suficiente de produtos reprocessados ou recicláveis. Este último implica a necessidade de uma estratégia de coleta que não só reduza os custos de transporte, mas também, ao mesmo tempo, garanta a aquisição em volume suficiente. Lembre-se, nesse contexto, dos diferentes regimes de incentivo para a gestão de devoluções de produtos.

Nesse caso, em parte, integrando operações de recuperação de produto com o processo de fabricação original, podem-se oferecer economias de escala. Essa integração pode dizer respeito a locais compartilhados, força de trabalho ou mesmo linhas de fabricação. Por outro lado, os custos de processamento variáveis podem beneficiar os dois sistemas dedicados separadamente. Da mesma forma, a economia em transporte pode ser diferente para os produtos novos e os recuperados ou reciclados. Mas não podemos esquecer que, em muitos casos, a integração aumenta significativamente a complexidade organizacional.

2.4.4.2 Redistribuição

Como já foi citado, a concepção da fase de redistribuição muito assemelha-se a uma rede de distribuição tradicional. Em particular, encontramos a troca convencional entre a consolidação e a capacidade de resposta no transporte. O que pode adicionar complexidade na redistribuição e exigir melhor gerenciamento e integração dos processos. Por exemplo, pode-se considerar a combinação entre a retirada e a redistribuição, a fim de aumentar a carga do veículo, como discutido anteriormente.

Assim, os transportadores podem encontrar oportunidades para conciliar a distribuição de produtos manufaturados com a redistribuição dos remanufaturados. Dessa forma, podemos consolidar essa discussão na caracterização de três principais questões gerenciais que distinguem as redes logísticas de retorno das redes de distribuição tradicionais.

a) Centralização de roteiros e classificação

Vimos que a localização das operações de roteiros, ou destinos, assim como a verificação da qualidade das embalagens, tem importantes consequências para o produto fluir em uma cadeia de fornecimento tradicional. O que é especial sobre essa situação é o fato de que os destinos do produto só podem ser atribuídos após a fase de verificação da qualidade das embalagens. Em um ambiente tradicional de distribuição de produtos, a princípio, o roteiro é conhecido de antemão. Enquanto pode haver exceções, por exemplo, para os subprodutos ou os retrabalhos, assim este não é um grande foco de redes de produção-distribuição convencionais.

b) Incerteza e falta de controle de abastecimento

Estudos afirmam que, de certa forma, os ambientes de logística de retorno têm seus processos caracterizados por grandes incertezas, pois não há clareza sobre a demanda. Em outras palavras, os fabricantes não conseguem prever com clareza quanto de produto retornará, seja por devolução, seja por reúsos ou reciclagem, enquanto nas cadeias de abastecimentos tradicionais a demanda é geralmente percebida como o principal fator conhecido, uma vez que os instrumentos de pesquisa utilizados junto ao mercado consumidor são mais bem desenvolvidos e mais precisos, dado o tempo de uso. Por outro lado, a oferta pode sofrer variações e não atender toda a demanda, por questão de tempo, quantidade e qualidade dos produtos, fazendo com que se faça necessário adequar eficazmente a oferta à demanda, o que torna um grande desafio para as cadeias de abastecimentos tradicionais.

c) Integração de fluxo e refluxo

Como veremos detalhadamente nos próximos capítulos, existe o conceito de circuito aberto e fechado, que diz respeito à logística reversa de reintegração dos produtos ao ciclo do processo produtivo. No caso do circuito fechado, a principal é reaproveitar os insumos, trazendo-os ao início da cadeia de produção, como forma de reutilizá-los. A implementação dos princípios de logística de retorno nas cadeias de abastecimento de circuito fechado, pode oferecer várias oportunidades para explorar sinergias entre os fluxos de produtos diferentes, pois as redes de distribuição tradicionais são vistas tipicamente como objetos *one-way*, mas as cadeias não podem ser de ciclo fechado, elas devem, naturalmente, envolver vários fluxos de entrada e saída, de mão dupla. Assim, poderá haver espaço para a integração tanto no transporte e nas instalações.

Ao mesmo tempo, essas oportunidades de levantar um problema de compatibilidade, entre as redes de fluxo e refluxo de materiais e produtos, em muitos casos, não são projetados "do zero", mas são adicionados no topo de estruturas logísticas existentes. Nesse caso, deve-se perguntar se essa abordagem sequencial permite uma solução eficiente ou se um novo planejamento que busque redesenhar, integralmente, toda a rede logística traria melhores resultados. Antes de responder a essa questão, analise e reflita sobre o conteúdo do item 2.4.5, que trata dos tipos de redes de retorno, em que se discute sua relativa importância em diferentes contextos da cadeia de abastecimento.

2.4.5 Tipos de RLR

Muitas atividades podem coexistir em uma rede logística de retorno, por meio da qual um fluxo inverso também pode ser criado exclusivamente para um processo particular. Considerando que, em alguns casos, as redes serão criadas a fim de reparar peças (*recall*), produtos de remanufatura e reciclar materiais. Outras redes, por exemplo, serão construídas com o único propósito de reciclagem. Portanto, o tipo de RLR é definido de acordo com o objetivo da rede e as atividades que serão realizadas na mesma.

Além disso, nesse contexto, as diferentes redes criadas podem ser públicas ou privadas, por meio das quais redes privadas serão operadas por empresas que desejam adquirir um determinado tipo de produto, a fim de reciclá-lo e/ou repará-lo e/ou remanufaturá-lo e vender os materiais e/ou componentes para fabricantes e/ou fornecedores. Já as redes públicas, bastante comuns hoje em dia em muitos países, inclusive no Brasil, operam a reciclagem pública de papel, vidro e plástico, a exemplo da Holanda que criou a Fundação para Reciclagem de Vidro (FRV), a fim de manusear e gerenciar o processo de reciclagem de vidro, que depois se tornou obrigatória com a formulação de legislação com fins específicos, o que teve a adesão de toda a população holandesa.

2.4.5.1 Devolução

Vários podem ser os motivos que ocasionam a devolução de um produto ou mercadoria, sejam eles avarias em embalagens, sejam trocas de modelo ou tamanho, reclamação de garantia. Enfim, independentemente do motivo, quando se faz necessária uma operação de retorno de bens adquiridos, é preciso que haja uma RLR montada para esse fim específico.

Nesse contexto, deve-se considerar também a Lei nº 8.078/90, de 11 de setembro de 1990, que institui o Código de Defesa do Consumidor, e, em seu Artigo 49, dispõe sobre a proteção do consumidor e dá outras providências. Preceituando que: "O consumidor pode desistir do contrato no prazo de 7 dias a contar de sua assinatura ou do ato de recebimento do produto ou serviço, sempre que a contratação de fornecimento de produtos e serviços ocorrer fora do estabelecimento comercial, especialmente por telefone ou a domicílio". A lei prevê ainda, em seu parágrafo único que: "Se o consumidor exercitar o direito de arrependimento previsto neste artigo, os valores eventualmente pagos, a qualquer título, durante o prazo de reflexão, serão devolvidos, de imediato, monetariamente atualizados".

Dado o amparo da lei junto aos consumidores, as empresas fornecedoras de maneira geral passam a se preocupar mais com a RLR, pois ela envolve custos que anteriormente as mesmas não consideravam, até mesmo porque eles não são fáceis de prever.

Com o advento do crescimento das vendas pela Internet, cresceu também o volume de devoluções exigindo serviços específicos para atenderem a essas necessidades. E, atenta a essa demanda, a Empresa Brasileira de Correios e Telégrafos, que, após estudos das necessidades emergentes de seus clientes no que diz respeito à RLR, criou quatro modalidades distintas para melhor atendimento à sua carteira. Acompanhe no texto a seguir extraído do *site* oficial da companhia.

CORREIOS – LOGÍSTICA REVERSA

O serviço de logística é a remessa de documentos e mercadorias em devolução, sem ônus ao remetente, para serem entregues exclusivamente no endereço indicado pelo cliente, podendo ser uma localidade diferente do endereço de sua sede.

A Logística Reversa é solicitada pelo cliente no site dos Correios, em ambiente com acesso exclusivo, mediante informação de login e senha. No ato da solicitação, deve ser escolhida a modalidade em que o documento ou mercadoria será postado, estando disponíveis os serviços de SEDEX, PAC e e-SEDEX, desde que as localidades de origem e destino estejam habilitadas. O cliente pode também autorizar ou não a utilização de embalagens pelo remetente. Nesse ambiente restrito, o cliente pode acompanhar as informações detalhadas das coletas e postagens, por meio de relatórios customizados.

Permite a coleta do objeto em domicílio ou a postagem em agência por meio de autorização de postagem (*e-ticket*) e está disponível em quatro modalidades.

Modalidade	Características
Logística Reversa Domiciliar	A coleta é realizada no endereço indicado pelo cliente, admitindo-se duas tentativas de coleta em dias úteis consecutivos e permite o agendamento da coleta para realização em até trinta dias após a efetivação do pedido, sempre a critério do cliente.
Logística Reversa Simultânea Domiciliar	A coleta é realizada no endereço indicado pelo cliente, mediante a entrega simultânea da mercadoria ou documentos a serem substituídos, para retorno ao endereço também por ele indicado.
Logística Reversa em Agência (*e-ticket*)	Essa modalidade permite a postagem em agências próprias (AC) e franqueadas (AGF) em todo o país, por meio da apresentação de um Código de Autorização de Postagem, por parte do remetente do objeto. No entanto, quando houver autorização para fornecimento de embalagem, a postagem ficará restrita às unidades próprias. O cliente emite essa autorização, determina os dados de endereçamento tanto do remetente quanto do destinatário e autoriza o remetente a enviar-lhe o objeto ou documento, informando-lhe o Código de Autorização de Postagem.
Logística Reversa Simultânea em Agência	Processo logístico reverso, realizado em uma Agência de Correios Própria, que consiste na postagem do produto de retorno simultaneamente à entrega do produto substituto em uma Agência Própria dos Correios.

Fonte: CORREIOS. Logística reversa. Disponível em: <https://www.correios.com.br/para-sua-empresa/encomendas/logistica-reversa>. Acesso em: 16 fev. 2017.

Além dessa possibilidade de devolução criada pela Empresa Brasileira de Correios e Telégrafos, existem fornecedores que idealizaram outras formas de suprir a demanda da sua RLR, com transporte próprio ou terceirizado.

2.4.5.2 Reúso

Vamos primeiramente entender o significado da palavra reúso, que em nosso contexto trata da possibilidade de ser utilizado novamente sem a necessidade da intervenção de um novo processo produtivo. Assim, é preciso identificar um produto ou material que pode ser reutilizado para não confundir com os recicláveis, como mostra a Figura 2.4.

Na RLR, a atividade de reutilização de produtos e materiais não chega a contribuir de forma expressiva para a geração de resíduos, comparado com um processo de reciclagem, mas contribui em muito para a redução dos bens que iriam diretamente para os lixões ou aterros sanitários.

Figura 2.4
Exemplos de reutilização de embalagens.

Tambores de duzentos litros reutilizados como bancos e mesa de jardim.

Garrafas PET usadas como vasos suspensos de plantas.

Pneus velhos pintados, transformados em gangorras.

Os bens de consumo descartáveis poderão retornar por meio da RLR quando houver possibilidades econômicas, tecnológicas e logística para a rede reversa de reciclagem, por meio da qual ocorrem as transformações dos bens de consumo descartáveis em matérias-primas, como veremos no próximo item.

2.4.5.3 Reciclagem

Assim como conceituamos o reúso no item anterior, vamos agora, da mesma forma, buscar o entendimento da palavra reciclagem, a qual podemos entender que se trata do ato de recuperar partes ou a totalidade de embalagens, materiais, produtos ou sucatas, reintroduzindo-os no ciclo do processo produtivo.

Nesse contexto, para darmos continuidade nesse tópico, será necessário relembrarmos uma parte importante do Capítulo I, que tratou, entre outros assuntos, das legislações ambientais. Ele nos mostrou que a logística reversa, sob a ótica legal, de acordo com a Lei nº 12.305, é o instrumento de desenvolvimento econômico e social caracterizado por um conjunto de ações, procedimentos e meios destinados a viabilizar a coleta e a restituição dos resíduos sólidos ao setor empresarial, para reaproveitamento, em seu ciclo ou em outros ciclos produtivos, ou outra destinação final ambientalmente adequada.

É importante atentar que o item da citada lei, explicita a "restituição dos resíduos sólidos ao setor empresarial", o que pode ser entendido, em síntese, que os fabricantes são os responsáveis pela RLR e a reciclagem dos resíduos que são gerados ao final do ciclo de vida útil dos produtos fabricados por eles.

Essa mesma lei, em seu item XVII, artigo 3º, cita a responsabilidade compartilhada pelo ciclo de vida dos produtos: conjunto de atribuições individualizadas e encadeadas de fabricantes, importadores, distribuidores e comerciantes, consumidores e titulares dos serviços públicos de limpeza urbana e de manejo dos resíduos sólidos, para minimizar o volume de resíduos sólidos e rejeitos gerados, bem como para reduzir os impactos causados à saúde humana e à qualidade ambiental decorrentes do ciclo de vida dos produtos, nos termos dessa lei.

A reciclagem é uma das destinações dadas aos resíduos sólidos, que são compostos por rejeito orgânico, papel, vidro, metal e plástico, conforme demonstra a Tabela 2.3. A movimentação de todos esses resíduos depende de uma RLR muito bem montada, pois, muitos deles, vão requerer transportes e armazenagem especial.

Tabela 2.3 – Resíduos Sólidos Urbanos

Resíduos Sólidos	
Componentes	Destinação
Rejeito orgânico	Aterragem, incineração, biogestão anaeróbica
Papel Vidro Metal Plástico	Reciclagem

Tabela elaborada pelos autores.

O QUE VIMOS NESTE CAPÍTULO

Ao final deste capítulo, pudemos concluir que a rede logística de retorno (RLR) tem relação direta com alguns resultados na gestão de uma organização, tais como:

- Equilíbrio na relação de custo-benefício, levando-se em consideração que os custos com a estruturação de uma logística de retorno trarão benefícios ao meio ambiente e à imagem da organização.
- Redução dos custos, em razão do retorno de materiais ao ciclo produtivo.
- Aumento significativo na possibilidade de a organização auferir maiores lucros, pois, com uma RLR bem estruturada, a reciclagem dos resíduos sólidos poderá acarretar na redução de custos com a aquisição de matérias-primas.
- A preservação ambiental, levando em consideração que, havendo aumento na quantidade de produtos reciclados ou reutilizados, haverá também a diminuição de resíduos sólidos.
- Imagem da empresa mais bem valorizada junto ao mercado consumidor, em virtude das ações ambientais responsáveis.

QUESTÕES PARA REFLEXÃO

1. *Supply chain*, ou cadeia de suprimentos, em suas várias definições é o processo de movimentação de bens desde o pedido do cliente por meio dos estágios de aquisição de matérias-primas, produção, até a distribuição dos bens para os clientes. Sabendo disso, de que forma essa ferramenta pode ser gerenciada para atingir resultados lucrativos?

2. Como funciona o processo de gerenciamento da rede logística, partindo do conceito de que ela é uma parte da cadeia de suprimentos responsável pela organização dos fluxos dos materiais buscando viabilizar os custos de cada operação?

3. Qual a importância do planejamento de rede logística diante da responsabilidade ambiental?

4. Descreva o processo de rede logística de refluxo (retorno ou reversa).

5. Entendido o funcionamento de rede logística de refluxo, sabemos da necessidade da infraestrutura apropriada para suas características. Assim, de que forma a rede logística deve estar para que o processo de planejamento da RLR possa ser iniciado?

6. Cite as principais diferenças entre a RLR e a rede logística tradicional.

7. Para dar início a um projeto de RLR é necessária uma subdivisão da rede em duas partes. Uma delas consiste em acúmulo de produtos utilizados para transportá-los para uma instalação de reciclagem. Como se dá a segunda etapa e de que forma elas se interligam?

8. Por que muitas vezes o processo de RLR não é viabilizado na Cadeia de Suprimentos?

9. De que forma o processo de recuperação de produtos oferece economia de escala?

10. O processo de integração de operação de recuperação de produtos com o processo de fabricação original pode aumentar significativamente a complexidade organizacional, mas, ainda assim, em alguns casos é viável. Quando isso ocorre?

Capítulo 3

ASPECTOS LOGÍSTICOS NO RETORNO DE PRODUTOS

3.1 INTRODUÇÃO

O desenvolvimento do mercado na questão logística tem trazido consigo a evolução de conceitos. No caso da logística reversa, vemos o surgimento de uma área empresarial onde há prioridade no retorno dos produtos ao ciclo produtivo, através da reutilização controlada do bem e de seus componentes ou da reciclagem dos materiais, para formação de matéria-prima secundária.

O retorno dos produtos torna-se cada vez maior, em razão de fatores como, por exemplo, a conscientização da população com o desenvolvimento sustentável, com a ideia de visar às gerações futuras, até mesmo em função das legislações ambientais que priorizam a diminuição dos impactos ao meio ambiente.

Sendo assim, a logística de retorno torna-se essencial e específica para tratar da avaliação e da operacionalização da circulação dos bens físicos, agregando valor aos mesmos. Neste capítulo estudaremos quais os principais pontos logísticos a serem considerados no processo de retorno.

3.2 REDE DE DISTRIBUIÇÃO REVERSA

Empresas que priorizam uma visão de responsabilidade empresarial em relação ao meio ambiente e à sociedade têm dado muita importância à logística reversa como forma de aumento de competitividade e consolidação da imagem corporativa. Para a melhora dessa imagem, é necessário analisar corretamente todos os aspectos dos canais de distribuição reversos.

Essas atitudes, além de trazerem uma imagem institucional positiva, ainda permitem o desenvolvimento de uma área ainda pouco explorada, mas de grande potencial dentro do departamento logístico das empresas.

A rede de distribuição reversa analisa que caminho o produto deve percorrer até que possa ser recolocado no ciclo produtivo ou ser descartado. A Figura 3.1 apresenta uma ideia de como funciona essa rede.

Figura 3.1
Fluxo da rede de distribuição reversa.

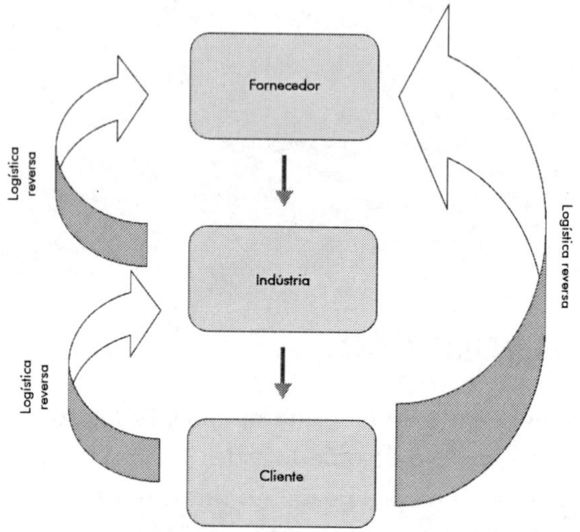

Esquema elaborado pelos autores.

Para que ela seja desenvolvida, é necessária uma análise criteriosa de alguns fatores como vida útil do bem, ciclo, nível de integração da empresa e objetivo. Esses pontos serão estudados com mais ênfase em capítulos adiante, mas, por hora, ficaremos com as definições.

A vida útil do bem determina se os componentes ou materiais podem ser aproveitados, reaproveitados ou descartados, com interesse na reciclagem ou não. Nesse ponto, além do tipo do bem, ainda é necessário identificar o estado em que ele se encontra para a possibilidade de realocação correta dentro do fluxo. Assim, o bem pode ser classificado de três formas:

1. **Durável**: vida útil de alguns anos a algumas décadas.
2. **Semidurável**: vida útil de alguns meses a dois anos.
3. **Descartável**: vida útil de algumas semanas.

O ciclo refere-se ao tipo de entrada do material na rede de distribuição. Se aberto, o produto se reintegra ao ciclo produtivo, substituindo o uso de matérias-primas; se fechado, os materiais vão servir para a fabricação de produtos similares.

A integração da empresa com o ciclo determina quem será responsável pelos canais de distribuição. Se ela for integrada, a empresa é responsável por todas as etapas do canal de distribuição reverso. Se for não integrada, a empresa participa de algumas etapas do processo, e o restante é designado a outros agentes.

Vistos todos esses pontos, é necessário também avaliar o objetivo do processo reverso, se econômico:

- para ganho financeiro na operação, se mercadológico;
- para competitividade, se legislativo;
- ou se apenas para ganho de boa imagem corporativa.

A boa análise de todos esses fatores é que ditará a correta posição do bem no fluxo da cadeia reversa, levando em consideração também a sua viabilidade.

3.3 RESPONSABILIDADE SOCIAL CORPORATIVA (RSC)

Além de as empresas visarem lucro, também podem contribuir para melhoria social e ambiental, dentro de sua esfera de atuação. Essa prática empresarial pode aumentar a competitividade da empresa e trazer mais popularidade, trazendo satisfação a diversas partes de interesse, como acionistas, funcionários, clientes, fornecedores, governo, comunidade etc.

Por alterarem os cenários competitivos, as empresas acabam também influenciando cenários sociais, a partir da integração dos ambientes interno e externo. Isso significa que as políticas internas da empresa, no que diz respeito à responsabilidade social, apresentam uma forte ligação com o ambiente externo, como podemos ver expresso na Figura 3.2.

É com esses argumentos que surge o conceito de RSC, por meio do qual é preciso que o empresário fique atento aos retornos negativos sustentados pela ideia de acarretar maior custo para a empresa, gerando desvantagem competitiva. Tal procedimento leva as organizações a analisarem os investimentos em responsabilidade social, criando uma visão global sustentável.

Boa parte das empresas consegue identificar o impacto nas vendas perante os consumidores quanto à RCS, ou sua falta. Assim, é necessário ressaltar a importância da estratégia voltada para a questão socioambiental, em que as organizações consigam atender aos consumidores.

Figura 3.2
Pressões sobre as organizações.

- Fácil percepção: Perda da biodiversidade, Chuva ácida, Inclusão social, Competição, Opinião pública, Diversidade social, Qualidade de vida, Saúde pública, Aquecimento global, Poluição do solo, da água e do ar
- Difícil percepção: Mudanças políticas, sociais e tecnológicas, Fornecedores, Redução de custos, Prevenção de acidentes, Degradação ambiental, Crescimento populacional, Redução dos recursos naturais
- Centro: Organização

Fonte: LERIPIO, A. A.; LERIPIO, D. C. Cadeias produtivas sustentáveis. Minicurso: cadeias produtivas sustentáveis. Itajaí, 2008.

Esse conceito de desenvolvimento sustentável demanda uma nova forma de atuação de governantes, gestores de empresas e da sociedade em geral, em busca de que a conservação ambiental permita colocar as organizações em um novo patamar de competitividade.

A logística reversa, sendo definida como a responsável pelo controle do fluxo reverso de matéria-prima, estoques etc., pode ser inserida nesse contexto de trazer satisfação aos interesses estratégicos da empresa e de satisfazer os demais agentes envolvidos, tendo impacto direto sobre os indicadores de sucesso empresarial.

3.3.1 Impacto da logística reversa sobre os indicadores de sucesso empresarial

Como a logística reversa está em ascensão, seus benefícios de implantação são reconhecidos dentro das empresas; entretanto, muitas vezes, não ficam claras todas as suas vantagens, porque sua ideia central acaba sendo a redução de custos. Portanto, é importante que haja formas de mensurar o impacto da logística reversa por intermédio de alguns indicadores.

Dentro das corporações, os indicadores principais para medir o desempenho da empresa estão relacionados a cinco áreas: financeira, marketing e vendas, operações, desenvolvimento e inovação e recursos humanos (capital intelectual). Sendo assim, a Tabela 3.1 vai relacionar, de forma resumida, cada um desses indicadores com a logística reversa.

Tabela 3.1 – Logística reversa sobre as áreas de sucesso empresarial

Área	Impacto da LR
Financeira	Para obter lucro, são necessários redução de custos e aumento da receita. O processo da LR tem trazido consideráveis retornos para a empresa, pois o reaproveitamento de materiais estimula novas iniciativas e esforços em desenvolvimento de melhoria nos processos. Isso atrai a atenção também dos acionistas.
Marketing e vendas	Conhecido também por fidelização de clientes, a logística reversa se enquadra como uma estratégia que permite agregar valor ao produto de várias formas, agindo como ferramenta de apoio ao pós-venda ou o oferecimento de um serviço para a preservação ambiental.
Área de operações	Em suma, é a capacidade de produção de resultados com o mínimo de recursos e esforços. Nesse ponto, a logística reversa contribui para a redução dos custos dos produtos, preservação do meio ambiente e ainda atua como diferencial perante a concorrência, intercedendo nos aspectos de responsabilidade social.
Desenvolvimento e inovação	A logística reversa induz ao investimento em pesquisa e desenvolvimento de novas tecnologias para o cumprimento da legislação, trazendo vantagens sobre a concorrência.
Recursos humanos	A implementação da logística reversa necessita de recursos humanos capacitados e treinados para a prática de novas atividades e o desenvolvimento de novas tecnologias.

Tabela elaborada pelos autores.

Dessa forma, verificamos a logística reversa atuando positivamente nas políticas de responsabilidade social e ainda no cumprimento da legislação, além de requerer o investimento e a manutenção no capital humano e intelectual, para aumentar a sustentabilidade econômica, social e ambiental.

Em síntese, a LR pode ser vista como uma forma de criação de valor para a empresa, trazendo satisfação para diversificados interesses estratégicos. Dessa forma, o papel da logística reversa é que vai definir que tipo de sistema de informação gerencial será desenvolvido.

3.3.2 A logística reversa como vantagem competitiva

Para que possamos entender as vantagens da logística reversa como um todo, é necessário que esses aspectos sejam compreendidos de forma global, pois têm trazido grande diferencial perante os concorrentes.

A implantação da logística reversa tem cooperado para o ganho da competitividade das empresas por meio de estratégias socialmente responsáveis, trazendo benefícios ao meio ambiente. Além disso, tem aumentado a rentabilidade das empresas, por reduzir custos e seguir uma política liberal de retorno. Tudo isso coopera para a diferenciação da imagem corporativa, pois a logística reversa a posiciona como cidadã, aumentando o valor da marca e dos produtos.

Essas vantagens se originam, pontualmente, na produção, no marketing, na logística, e cada uma delas, ligada à logística reversa, torna-se responsável pelos ganhos em competitividade, refletindo em âmbito econômico, social e ambiental. É dessa forma que o conceito de responsabilidade social da empresa vem crescendo a fim de chegar ao desempenho sustentável.

3.4 A IMPLANTAÇÃO DA LOGÍSTICA REVERSA

A eficiência da cadeia de retorno de produtos depende da clareza dos objetivos motivadores da implantação. É necessário que o gestor conheça as características peculiares dos produtos retornados e mapeie o processo de todas as etapas do retorno, pois pode ser que, para cada caso, seja necessário um procedimento diferente.

Não podemos nos esquecer, tampouco, da necessidade de treinamento de especialistas para cuidar de cada área de retorno, além de estabelecer normas gerais de operações e implantar um sistema de controle de fluxo e custos. O ideal é que o planejamento da rede logística reversa tenha tanta importância quanto a rede logística direta e atuem em conjunto.

O retorno de produtos obedece a etapas, já listadas por autores como Leite (2003), resumidas conforme segue:

- **Etapa 1**: entrada do produto na cadeia reversa (coleta de produtos).
- **Etapa 2**: consolidação quantitativa e geográfica dos produtos coletados.
- **Etapa 3**: seleção de destino dos produtos retornados.
- **Etapa 4**: processamentos industriais de reaproveitamento de produto ou materiais.
- **Etapa 5**: distribuição desses novos produtos ou materiais no mercado.

Essas etapas auxiliam os gestores na implementação da logística reversa e proporciona direcionamento à recolocação do bem no fluxo, levando sempre em consideração fatores como a forma da coleta e transporte, armazenagem do bem, consolidação, processamento, dimensões físicas do produto etc.

A forma eficiente de implantação da logística reversa exige uma visão integrada de diversas áreas. Assim, a atuação conjunta permite uma maior satisfação dos clientes e da sociedade, reduzindo custos operacionais e reforçando a imagem da empresa para com o cliente.

Os motivos que levam as empresas a atuarem mais fortemente na logística reversa variam, mas, normalmente, estão ligadas ao cumprimento da legislação ambiental, para que sejam feitos os tratamentos necessários ao produto. Estão ligadas também aos benefícios econômicos do uso dos produtos retornados, em vez de simplesmente descartá-los.

Ainda há outras razões como diferenciação pelo serviço, limpeza do canal de distribuição, proteção da margem de lucro, recuperação de ativos etc. Assim, sendo bem estruturada, a adoção da logística reversa traz uma série de benefícios à empresa.

A Tabela 3.2 mensura o percentual de resposta a cada motivo de adoção da Logística Reversa, de acordo com os estudos realizados por Leite (2003).

Tabela 3.2 – Motivos estratégicos para a adoção da logística reversa

Motivo Estratégico	Porcentagem de Respostas
Aumento da competitividade	65%
Limpeza de canal de distribuição	33%
Respeito à legislação	29%
Revalorização econômica	28%
Recuperação de ativos	27%

Tabela adaptada de LEITE, 2003.

Visto isso, podemos concluir que esse movimento reverso, além de aprimorar a produtividade logística, ainda pode ser justificado sobre uma base social e ambiental.

3.4.1 Atuação da logística reversa nas organizações

Hoje em dia, as organizações têm bem claras as definições dos propósitos do negócio, suas fronteiras e aspirações. Descobriram que é possível alcançar benefícios significativos ao definir a visão logística da empresa.

O propósito da visão logística é indicar a base sobre a qual a empresa deve construir uma posição de vantagem por meio de um relacionamento mais próximo com o cliente. Nesse ponto, é importante também nos atentarmos para a forma como a logística reversa pode ser útil.

Veremos em mais detalhes no Capítulo 8, mas de forma geral, que a logística reversa pode ser dividida em duas áreas, sendo logística reversa de pós-venda e de pós-consumo. A primeira está focada em produtos que retornam por razões comerciais, como defeito, erro de processamento, avaria no transporte etc. Já a segunda refere-se aos produtos que são de fato descartados pela sociedade e acabam retornando ao ciclo produtivo.

Se formos a fundo ao estudo sobre o ciclo reverso, veremos que é uma fase intermediária do processo que nasce nas fontes das matérias-primas para a fabricação de produtos até as várias formas de descarte ou reaproveitamento. Essa vem para agregar ao processo de gerenciamento da cadeia de suprimentos.

Sendo assim, a logística reversa altera desde a revenda de um produto reciclado ou remanufaturado até a abrangência dos processos de coleta, inspeção e separação. Isso nos indica que não se trata apenas de fluxo físico do produto, mas de todas as informações que compõem o processo.

AMPLIE SEUS CONHECIMENTOS

Assista ao documentário *Lixo extraordinário* (direção de Lucy Walker, Brasil, 2011, 100 min). Esse filme biográfico registra o trabalho do artista plástico Vik Muniz no Jardim Gramacho, maior aterro sanitário da América Latina, localizado na cidade de Duque de Caxias-RJ. Mostra a transformação da visão de mundo dos sete catadores participantes do projeto e o poder transformador da arte e da alquimia do espírito humano. Leia mais sobre o filme. Disponível em: <http://lixoextraordinario.net/>. Acesso em: 13 mar. 2017.

Dentro da empresa, a logística reversa pode ser caracterizada de diversos tipos, dependendo de sua opção de retorno, mas todas essas opções podem ser resumidas em três, como já visto anteriormente: reciclagem, remanufatura e reúso. A reciclagem nada mais é do que o reaproveitamento da estrutura do produto (metal, vidro, plástico). A remanufatura é a desmontagem do produto e a utilização das peças em boas condições para a fabricação de novos produtos, e o reúso é o produto que pode ser usado mais de uma vez em sua forma original, depois de limpo e reprocessado, como contêiner, paletes e garrafas.

Para que a logística reversa tenha uma boa integração com as atividades primárias, as empresas precisam se organizar de forma a analisar as possibilidades de mercado para a recuperação do produto, examinar se de fato há necessidade de uma rede logística reversa, definindo seu critério e determinar qual será o grau de integração com a rede logística regular.

Isso fundamentará a atuação e tornará a pratica mais suave aos processos da empresa. A gestão eficiente desse fluxo pode ser analisada na Tabela 3.3.

Tabela 3.3 – Gestão do fluxo reverso

Fator	Ação Correspondente
Estruturar um centro consolidador de retorno	Criação de uma estrutura para concentrar os recursos operacionais e técnicos, separando e identificando os materiais com melhor qualidade, destinando-os aos locais corretos, para tornar o processo visível e gerenciável.
Mapear e padronizar os processos	Desenhar os fluxos, definir os itens de controle, ciclos e tempos de execução e treinamento dos envolvidos.
Planejamento da logística de transporte	Estudar, mapear a padronizar a malha logística, atendendo ao fluxo de retorno ao centro consolidador, atentando para o aproveitamento dos veículos da frota de transporte.
Sistemas de Informação	Integrar os sistemas e customizá-los para atendimento ao fluxo de logística reversa, tornando-o flexível para absorver também as exceções do processo.

Tabela elaborada pelos autores.

O conceito de gerenciamento integrado da cadeia de suprimentos, por onde são gerenciados os sistemas de fluxos de informação e de matéria-prima, deve ser amplamente conhecido e implementado, com a meta de maximizar o serviço ao consumidor e minimizar os custos.

Visto isso, uma logística reversa otimizada depende de um redesenho no processo de gerenciamento da empresa, que compreenda o retorno e o torne eficiente e efetivo.

3.4.2 Estruturação e fatores críticos da logística reversa

O grande impasse das empresas é atender à demanda do consumidor, tendo início na entrada de suprimentos indo até as operações de manufatura ou montagem e posterior distribuição. Um maior grau de eficiência pode ser alcançado quando o processo logístico é planejado e controlado, mas ocorrem fatores críticos para o desempenho do sistema.

a) **Bons controles de entrada**: é importante fazer a triagem dos materiais que retornam, para que eles possam seguir o fluxo reverso correto dentro da cadeia ou para que nem entrem, mas sejam totalmente reciclados. Um mau controle de entrada dificulta o restante do processo e gera retrabalho, o que torna ineficiente a implantação da logística reversa.

b) **Processos padronizados e mapeados**: um dos maiores problemas da logística reversa é que ela é tratada como um processo esporádico e não um processo regular. É fundamental que se formalize o procedimento para que se obtenham controle e melhorias.

c) **Tempo de ciclo reduzido**: trata-se do tempo entre a identificação da necessidade de reciclagem, a disposição ou o retorno de produtos e seu processamento. Ciclos longos aumentam os custos desnecessariamente, porque atrasam o processo e ocupam mais espaço. Esses elevados tempos do ciclo são controles de entrada ineficientes e ocorrem em função de falta de estrutura específica ao fluxo reverso e falta de treinamento para tratar das exceções.

d) **Rede logística planejada**: o processo de logística reversa requer infraestrutura, logística adequada para lidar com o fluxo de entrada e saída de materiais usados e processados. A falta do correto planejamento pode atrasar o processo e torná-lo inviável. A solução é contar com instalações centralizadas, específicas para recebimento, separação, armazenagem, processamento, embalagem e expedição de materiais retornados.

e) **Relações colaborativas entre clientes e fornecedores**: são comuns os conflitos relacionados à interpretação de quem é a responsabilidade sobre os danos do produto na hora do retorno. É necessário que os clientes e fornecedores desenvolvam uma relação colaborativa, para que as práticas da logística reversa funcionem adequadamente.

A Figura 3.3 traz um esquema de logística reversa que ilustra o processo de triagem e destino correto dos produtos a partir de sua coleta. Existe uma variação no tipo de reprocessamento dos materiais, de acordo com a sua condição, como já vimos anteriormente, podendo inclusive retornar ao fornecedor, dependendo do acordo, ser revendido, se passível de comercialização; ser recondicionado, se houver justificativa econômica, e reciclado, se não houver possibilidade de recuperação.

Essas alternativas vão gerar os materiais reaproveitados que entrarão novamente no sistema logístico reverso.

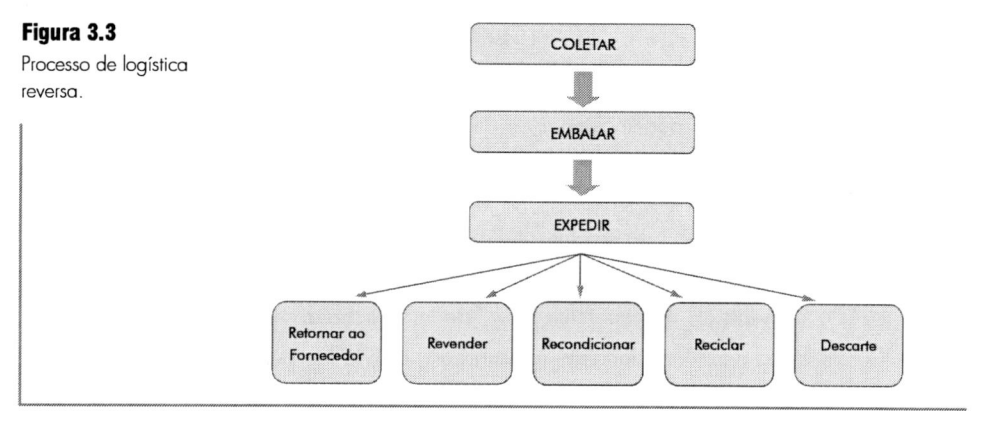

Figura 3.3
Processo de logística reversa.

```
COLETAR
   ↓
EMBALAR
   ↓
EXPEDIR
 ↙  ↙  ↓  ↘  ↘
Retornar ao   Revender   Recondicionar   Reciclar   Descarte
Fornecedor
```

Esquema elaborado pelos autores.

3.5 LOGÍSTICA REVERSA COMO VEÍCULO DE MUDANÇA

Em resumo de todo o capítulo, vimos os benefícios da adequação da logística reversa nas empresas, mas também pudemos observar a complexidade de sua estruturação. Os mercados e as tecnologias têm mudado velozmente e nem sempre as organizações conseguem acompanhar à mesma velocidade que o ambiente exige.

Podemos dizer que, com a globalização, a coordenação dos fluxos de matérias-primas, a operacionalização do trabalho e a análise do mercado externo têm sido motivo de imprescindível atenção para a organização empresarial. Mediante tal fato, descobrimos que a logística acaba sendo a fonte da mudança organizacional.

Isso porque a competitividade no mercado global requer que a organização esteja orientada pela logística, realocando as tarefas fundamentais, para que sejam gerenciadas por fluxos de trabalho multifuncionais.

Dentro desse cenário, ainda nos deparamos com a crescente preocupação ecológica e as novas legislações ambientais que trazem ao mercado um novo padrão de competitividade, tendo que se preocupar com a imagem corporativa. Esses fatores fazem com que a logística reversa ganhe destaque como veículo de mudança da organização empresarial.

O QUE VIMOS NESTE CAPÍTULO

Ao final deste capítulo, pudemos concluir pontos importantes acerca dos aspectos logísticos no retorno de produtos levando-se em conta:

- A análise do caminho do produto pela rede de distribuição reversa, para ser recolocado no ciclo produtivo ou ser descartado. Essa análise leva em conta alguns fatores como vida útil do bem, ciclo, nível de integração da empresa e objetivo.
- O fato de as empresas aumentarem sua competitividade por meio da responsabilidade social corporativa atrelada à logística reversa traz influência aos cenários sociais, integrando ambientes internos e externos. Assim, o empresário precisa ficar atento aos pontos negativos e positivos do retorno, para não acarretar maior custo para a empresa nem gerar desvantagem competitiva.
- O impacto da logística reversa sobre os indicadores de sucesso empresarial, levando-se em conta as cinco principais áreas dentro de uma empresa: financeira, marketing e vendas, operações, desenvolvimento e inovação e recursos humanos.
- A forma de implantação da logística reversa, fazendo-se necessário o conhecimento, por parte do gestor, de todas as características peculiares dos produtos de retorno, para o correto mapeamento do processo das etapas de retorno. Esse processo exige uma visão integrada de diversas áreas.
- A atuação e a importância da logística reversa dentro das organizações, indicando sobre qual base a empresa deve construir sua posição de vantagem.
- Os fatores críticos da logística reversa, por meio dos quais podemos perceber a importância de uma triagem adequada para enviar os produtos ao destino correto.

QUESTÕES PARA REFLEXÃO

1. O desenvolvimento do mercado na questão logística tem trazido consigo a evolução de conceitos. Visto isso, de que forma podemos resumir a atuação da logística reversa no cenário organizacional?

2. Empresas que priorizam uma visão de responsabilidade empresarial em relação ao meio ambiente e à sociedade têm dado muita importância à logística reversa como forma de aumento de competitividade e consolidação da imagem corporativa. O que a logística reversa traz de benefício nesse sentido?

3. De que forma o processo logístico sabe quando o produto pode ser ou não reaproveitado e como entrará no fluxo depois de remanufaturado?

4. Além do lucro, as empresas visam também à responsabilidade social e ambiental. De que forma os gestores têm atuado para atingir esse objetivo?

5. Dentro das corporações, os indicadores principais para medir o desempenho da empresa estão relacionados a cinco áreas. Quais são essas áreas e de que forma atuam na logística reversa?

6. Como a logística reversa pode ser entendida como criação de valor para a empresa?

7. Quais os benefícios inerentes à vantagem a logística reversa pode trazer à empresa?

8. Quais as etapas para a implantação da logística reversa?

9. Hoje em dia, as organizações têm bem claras as definições dos propósitos do negócio, suas fronteiras e aspirações. De que forma a logística reversa se encaixa nos propósitos das empresas?

10. O grande impasse das empresas é atender à demanda do consumidor, tendo início na entrada de suprimentos indo até as operações de manufatura ou montagem e posterior distribuição. Qual solução a logística reversa traz para essa adversidade?

Capítulo 4

LOGÍSTICA DE TRANSPORTES

4.1 INTRODUÇÃO

A rede logística de fluxo e a de refluxo são parte da cadeia de abastecimento que planeja, implementa e controla o fluxo eficiente e eficaz de armazenagem de mercadorias, serviços e informações relacionadas entre o ponto de origem e o ponto de consumo, a fim de atender às exigências dos clientes. As atividades para a gestão dessas redes incluem o gerenciamento de transporte de entrada/saída e gestão de frotas. Portanto, neste capítulo em especial, daremos ênfase à atividade de transportes, desde os níveis de planejamento e execução, estratégico, operacional até o tático.

4.2 CADEIA BRASILEIRA DE TRANSPORTES

As organizações no Brasil dispõem dos modais aéreo, dutoviário, ferroviário, aquaviário e rodoviário, sendo perceptível o predomínio do modal rodoviário, concentrando-se, principalmente, na região Centro-Sul, onde se dá maior rotatividade de negócios financeiros e movimentação de passageiros e cargas.

Em virtude da importância do setor de transportes, que tem participação expressiva na economia nacional, o governo brasileiro criou e mantém o Ministério dos Transportes (MT) que, conforme consta no relatório de gestão do órgão (2015), engloba, como principais responsabilidades, a atuação nas políticas nacionais de transporte em todos os modais, desenvolvendo planejamentos estratégicos e buscando recursos para a execução de projetos de infraestrutura que visem a reduzir os custos logísticos de fluxo e refluxo a níveis aceitáveis, promovendo o desenvolvimento econômico e consequentemente social.

Figura 4.1
Tipos de modais utilizados no Brasil.

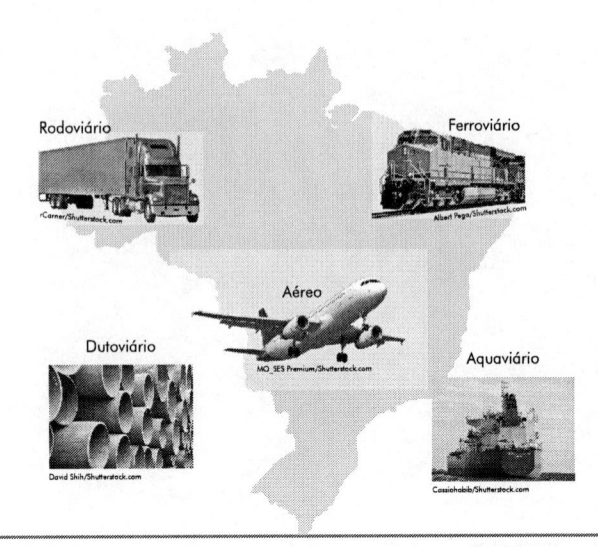

Rodoviário
Ferroviário
Aéreo
Dutoviário
Aquaviário

Infográfico elaborado pelos autores.

O Instituto Brasileiro de Geografia e Estatística (IBGE), que é responsável por coletar informações e, por meio delas, diagnosticar as demandas sociais, divulga como resultado de trabalhos de pesquisas que a densidade e vascularidade da malha rodoviária é maior que qualquer outro modal brasileiro já citados nos parágrafos anteriores. Já a região amazônica, em razão de suas características geográficas hídricas, predomina o modal aquaviário.

Nesse contexto, se por um lado na matriz de transportes brasileiro a malha rodoviária tem expressiva participação, chegando a 58% de acordo com o MT, a ferroviária representa apenas 25%, enquanto as demais malhas somadas estão em 17%. É notório o desequilíbrio da matriz brasileira quando comparada com outros países de acordo com o Gráfico 4.1.

O gráfico da matriz de transportes deixa evidentes os principais modais disponíveis, mas não traz os índices representativos das atividades que estão associadas à rede logística de transportes de cargas, como a armazenagem e os desembaraços aduaneiros nos portos secos, nas fronteiras e nos terminais hidroviários.

A pujança do mercado consumidor brasileiro provocou a emergente demanda por ampliações e melhorias das malhas de transporte, objetivando a redução dos custos logísticos das organizações a fim de aumentar a competitividade interna e externa. Regiões como o Centro-Sul ficam em evidência pelo tamanho da rede de transportes existente a exemplo de Belo Horizonte-MG, Porto Alegre-RS, Rio de Janeiro-RJ e São Paulo-SP; dessa forma, um pouco mais precário, mas não menos importante, deve-se dar destaque também para as vias de ligação entre Brasília-DF, João Pessoa-PB, Recife-PE, Salvador-BA e São Luís-MA.

Gráfico 4.1
Matriz de transportes

O desequilíbrio da matriz se evidencia quando se compara com países de porte equivalente.

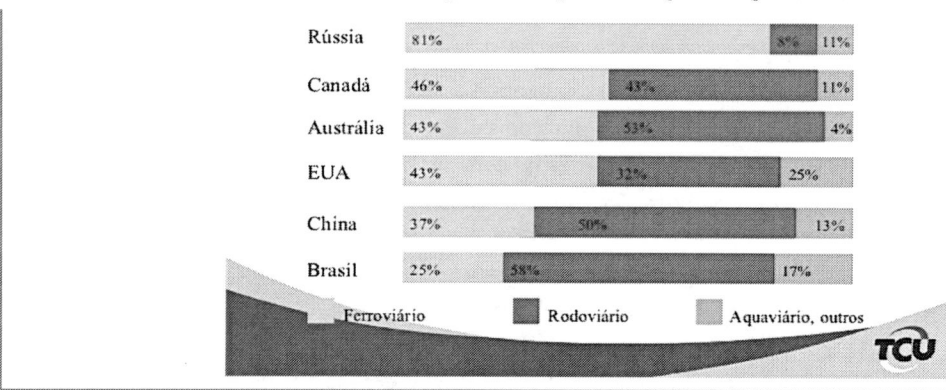

País	Ferroviário	Rodoviário	Aquaviário, outros
Rússia	81%	8%	11%
Canadá	46%	43%	11%
Austrália	43%	53%	4%
EUA	43%	32%	25%
China	37%	50%	13%
Brasil	25%	58%	17%

Fonte: BRASIL. Ministério dos Transportes. Relatório de Gestão 2015. Brasília, 2015.

Os gestores das organizações, ao elaborarem o planejamento estratégico, ao qual conte a criação de novas plantas fabris, ficam atentos a todas as variáveis que a envolvem, dando ênfase a fatores importantes como a infraestrutura logística para a chegada e saída de meios de transporte, além, obviamente, da qualidade da mão de obra regional. Assim é possível perceber a carência de indústrias em determinadas regiões brasileiras, como o interior nordestino.

No Brasil, um dos Estados com melhor infraestrutura de transporte é São Paulo, pois conecta o interior à capital através de ferrovias, hidrovias e rodovias simples e duplicadas. É portador do maior aeroporto internacional, de Guarulhos, e tem o Porto de Santos como um dos que possuem a maior movimentação de carga no país. Isso explica o interesse das organizações industriais e comerciais pelo Estado.

Na cadeia brasileira de transportes, entre os modais operantes, apesar de representar apenas 25% do total, há que se dar destaque para a malha ferroviária, principalmente para os eixos que são utilizados para o transporte dos grãos da agroindústria e do minério de ferro. De acordo com o Ministério dos Transportes, destaca-se a ferrovia que liga Anápolis-GO ao Porto de Itaqui, em São Luís-MA, a chamada Ferrovia Norte-Sul, pela qual é escoada a produção de soja. Não menos importante, são citadas ainda as ferrovias dos Carajás-PA e a de Vitória/ES-Minas, através das quais é transportado minério de ferro para os portos regionais.

> **AMPLIE SEUS CONHECIMENTOS**
>
> Conheça as principais estruturas de transporte do país (rodovias, ferrovias, hidrovias etc.), a logística de armazéns e estações aduaneiras, a densidade da rede de transportes no Brasil, os principais eixos rodoviários estruturantes do território e os fluxos aéreos de carga no Brasil consultando o link do site do IBGE. Disponível em: <http://www.brasil.gov.br/infraestrutura/2014/11/ibge-mapeia-a-infraestrutura-dos-transportes-no-brasil>. Acesso em: 14 mar. 2017.

4.3 A IMPORTÂNCIA DO TRANSPORTE RODOVIÁRIO PARA A REDE LOGÍSTICA

Para o desenvolvimento logístico de um país, faz-se necessário um sistema de infraestrutura para transportes bem desenvolvido, pois sem uma infraestrutura, por mais que se desenvolvam ferramentas de gestão logística, não há como extrair o máximo de vantagem dela. Deve-se considerar também que a boa infraestrutura para a logística de transportes proporciona uma prestação de serviços com maior eficiência, custo de operação reduzido e qualidade final percebida.

Conforme demonstrado no Gráfico 4.1, a matriz de transporte brasileiro priorizou o transporte rodoviário, pois mais da metade das movimentações realizadas no país é feita através das rodovias. Nesse contexto, um dado importante é que, de acordo com a Confederação Nacional dos Transportes (CNT), o Brasil possui 1.720.756 quilômetros de rodovias, sendo que apenas 211.468 quilômetros são pavimentados, veja Figura 4.2.

4.3.1 Custos dos transportes na rede logística

Em uma rede logística, o sistema de transporte é a atividade econômica mais importante entre as várias outras, pois, por volta de dois terços dos custos logísticos totais das empresas são decorrentes da atividade de transporte. De acordo com pesquisas da Confederação Nacional dos Transportes (CNT), expostas no relatório gerencial de 2016, os custos de transporte, em média, representaram 6,5% da receita do mercado, e 44% dos custos foram dispendidos com logística.

Figura 4.2

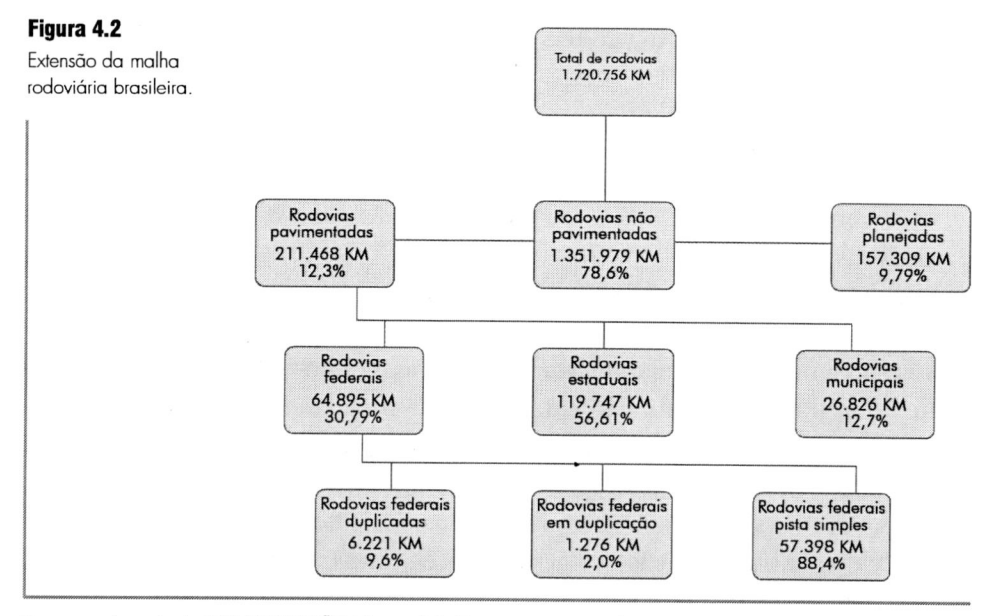

Extensão da malha rodoviária brasileira.

- Total de rodovias: 1.720.756 KM
  - Rodovias pavimentadas: 211.468 KM — 12,3%
  - Rodovias não pavimentadas: 1.351.979 KM — 78,6%
  - Rodovias planejadas: 157.309 KM — 9,79%
- Subdivisão:
  - Rodovias federais: 64.895 KM — 30,79%
  - Rodovias estaduais: 119.747 KM — 56,61%
  - Rodovias municipais: 26.826 KM — 12,7%
- Rodovias federais:
  - Rodovias federais duplicadas: 6.221 KM — 9,6%
  - Rodovias federais em duplicação: 1.276 KM — 2,0%
  - Rodovias federais pista simples: 57.398 KM — 88,4%

Esquema adaptado de CONFEDERAÇÃO Nacional do Transporte. Disponível em: <http://www.cnt.org.br/>. Acesso em: 14 mar. 2017.

Dessa forma, pode-se deduzir que o transporte é um dos maiores custos de uma rede logística, que ainda conta com outros de inventário, armazenagem, embalagem, de gerenciamento, de movimentação interna e de pedidos e encomendas. O custo de transporte citado inclui os meios de transporte, corredores, contentores, paletes, terminais e mão de obra.

Os gestores logísticos têm a preocupação de compreender melhor a sistemática da atividade de transporte para desenvolver uma operação com custos reduzidos e sustentáveis. Uma má gestão do transporte afeta os resultados das atividades de logística e, claro, influencia a produção e o volume de vendas. No sistema de logística, o custo de transporte pode ser considerado uma restrição para a efetivação de uma venda, o que muito chama a atenção dos gestores.

O custo do transporte pode variar de acordo com a estrutura das diferentes organizações. Para os produtos com pequeno volume, baixo peso e alto valor, o custo de transporte representa uma pequena parte do valor de venda. Os produtos de maior volume, pesados e de baixo valor, o custo de transporte representa uma parte muito grande do valor de venda e pode afetar com mais facilidade a margem de lucro; dado esse fator, dispõe de maior atenção por parte dos gestores.

4.3.2 Os efeitos do transporte nas atividades logísticas

O transporte é o elo entre os produtos desde a fábrica até o consumidor final. Por isso, é parte integrante do planejamento de todas as atividades do sistema de movimento de mercadorias a fim de minimizar o custo do serviço, maximizando as vantagens aos clientes, de acordo com o que preceitua o conceito de logística empresarial.

Na rede logística, o transporte tem como função disponibilizar para o mercado consumidor os produtos onde quer que seja, levando em consideração o prazo de entrega pretendido e respeitando as características locais de carga e descarga. Nesse contexto, o transporte é fundamental para que o objetivo da rede logística seja atingido, ou seja, entregando o produto certo, na hora exata, no lugar certo, na quantidade certa e a custo justo.

É notório o esforço das redes logísticas para o cumprimento de suas metas, uma vez que buscam modelos de gestão específicas para o transporte e investem em software de despachos dinâmicos, o que significa que investem na busca de diferencial em um mercado muito competitivo. Em meio a essas iniciativas de investimento, observam-se também as aplicadas em tecnologias para melhor planejamento e controle da operação, eliminando e, às vezes, integrando fases de processos e de tipos de modais e proporcionando vantagens a todas as partes envolvidas.

4.3.3 O papel do transporte na qualidade do serviço

O papel que o transporte desempenha no sistema logístico é mais complexo do que simplesmente entregar o produto ao consumidor final. Sua complexidade pode afetar o gerenciamento de todas as outras atividades. Por meio de um sistema logístico bem planejado, os produtos podem ser enviados para o lugar certo e na hora certa, a fim de satisfazer as demandas e as expectativas dos clientes. Ele também proporciona eficácia e estabelece um vínculo entre produtores e consumidores.

Por conseguinte, o transporte é a base da eficiência econômica da logística empresarial e amplia outras funções do sistema de logística. Além disso, um sistema de transporte gerenciado sob os princípios básicos do planejar, fazer, verificar e atuar, também conhecido como ciclo PDCA dos princípios de Deming (Figura 4.3), com métricas preestabelecidas, cuja variações das atividades de logística estejam controladas, traz benefícios não só para a qualidade do serviço, mas também para a competitividade da empresa.

Figura 4.3
Ciclo PDCA.

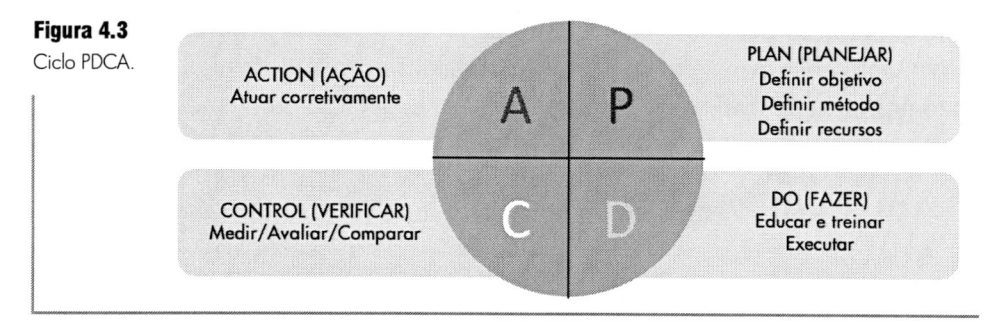

- **ACTION (AÇÃO)** — Atuar corretivamente
- **PLAN (PLANEJAR)** — Definir objetivo / Definir método / Definir recursos
- **CONTROL (VERIFICAR)** — Medir/Avaliar/Comparar
- **DO (FAZER)** — Educar e treinar / Executar

Esquema elaborado pelos autores com base em: DEMING, W. E. *Calidad, productividad y competitividad. La salida de la crisis.* Madrid: Ediciones Díaz de Santos, 1989.

Nesse contexto, para se alcançar a alta produtividade nas fábricas, o fluxo ordenado e flexível de materiais faz-se essencial. A interação entre as fábricas e seus fornecedores e questões relacionadas com a distribuição de vários produtos para o varejo representam que a prestação dos serviços de transporte tem qualidade e está em sintonia com a demanda almejada pelos clientes.

4.4 O TRANSPORTE INTERNO

O transporte interno, diferentemente do externo, é o que garante a execução mecanizada de todas as operações com cargas de processamento unificado e cargas permanentes, durante o seu fluxo dentro da empresa, usando métodos formais combinados com gestão informatizada de produção, fornecimento e distribuição.

Havendo o gerenciamento de fluxo formalizado do transporte interno, passa a existir elevada oportunidade de garantir o atendimento às demandas nos vários armazéns, o que significa permitir utilizar ao máximo a altura e a área de um armazém. As operações de transporte dentro da loja costumam ser mecanizadas, pois as condições físicas e ambientais dos armazéns destas precisam garantir o armazenamento adequado de cargas e a condição de segurança para o trabalho, o que reflete em perdas e desperdícios mínimos de produtos e eliminação dos acidentes de trabalho.

Nas indústrias, a operação de transporte interno tem início na movimentação de descarga de matérias-primas e insumos na área de recebimento, que seguem para uma área de estocagem específica. Tal estoque serve para alimentar a produção, o que também demanda transporte interno até a área de utilização. Após a transformação das matérias-primas em produto, faz-se necessário um novo movimento até o armazém de produtos acabados e por último o mesmo é carregado por meio de transporte interno até a sua expedição efetiva, de acordo com a Figura 4.4.

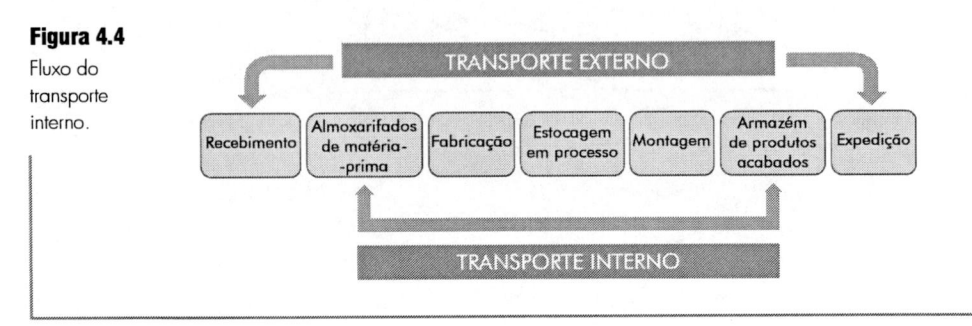

Figura 4.4
Fluxo do transporte interno.

TRANSPORTE EXTERNO

Recebimento → Almoxarifados de matéria-prima → Fabricação → Estocagem em processo → Montagem → Armazém de produtos acabados → Expedição

TRANSPORTE INTERNO

Esquema elaborado pelos autores.

É importante haver um controle automatizado, baseado em modelos de gestão integrada, de todos os estoques de matérias-primas, materiais, peças sobressalentes, produtos intermediários e acabados, mantendo estoques baixos, a alta disponibilidade e alta rotatividade de produtos armazenados e evitando excessos e obsolescência; essa dinâmica faz com que o transporte interno ganhe cada vez mais importância nas organizações.

4.4.1 Equipamentos utilizados para o transporte interno

Como pode ser observado na Figura 4.4, os transportes internos de produtos são realizados em pequenos volumes por vez e as distâncias percorridas são pequenas, comparadas aos transportes externos. Trata-se de uma movimentação que demanda a necessidade de utilização de equipamentos específicos; na sua grande maioria, porém, são de baixo custo. Comumente, são utilizados em ambientes fabris, centros de distribuição, galpões, lojas e grandes áreas de estocagem, promovendo a movimentação interna dos produtos.

O dimensionamento correto dos equipamentos a serem utilizados para o transporte interno deve ser bastante criterioso, pois quaisquer erros, subdimensionado ou superdimensionado, além de tornar onerosa uma operação, implica também a criação de condições de trabalho inseguras, podendo incorrer em acidentes, comprometendo a integridade do operador e dos produtos.

Sem a pretensa intenção de esgotar o assunto, podemos dividir os transportes internos em três grandes categorias, as quais deram condições para o desenvolvimento de soluções específicas a cada necessidade. Ou seja, quando a função primária do transporte interno for efetuar movimentações de materiais de forma contínua, a classificamos de transporte contínuo.

Primeira categoria: quando a função primária do transporte interno for efetuar movimentações de materiais de forma contínua, com fluxo constante e com a existência de um itinerário fixo, classifica-se o mesmo de transporte contínuo. O qual pode ser utilizado em centros de distribuição, terminais de carga, fábricas, armazéns e minerações.

A seguir, a Figura 4.5 traz um exemplo de equipamento muito utilizado quando há a necessidade de realização de transporte interno de forma contínua.

Figura 4.5
Transportadores de correia côncava, utilizada quando há necessidade de realização de transporte interno.

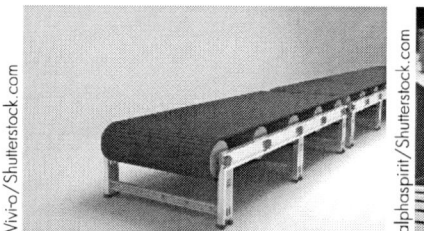

Segunda categoria: quando a função primária do transporte interno for efetuar a transferência de peças, componentes e materiais, em momentos específicos, ou ocasionais, classifica-se este de transporte por suspensão. O mesmo se dá por meio da elevação da carga com pesos variados a alturas seguras, transferindo-as de uma extremidade para outra quando necessário.

Nessa categoria, os transportes por suspensão, quando realizados internamente, são utilizadas pontes que deslizam para as extremidades de uma determinada área, conforme ilustra a Figura 4.6.

Figura 4.6
Ponte rolante, composta de viga, carro e talha, utilizada para facilitar a locomoção de peças, manipulando cargas grandes e pesadas que não podem ser removidas facilmente de forma manual, movimentando-se na horizontal.

Terceira categoria: quando a função primária do transporte interno for efetuar pequenas manobras com cargas relativamente pesadas ou transportá-las em pequenas distâncias, classifica-se o mesmo de transporte por veículos industriais, o qual se caracteriza pela utilização de equipamentos motorizados ou não, que necessitam de piso e espaço adequado à sua utilização.

Para atender à categoria dos transportes internos realizados por veículos industriais, o mercado fornecedor dispõe de uma série de soluções, como ilustra a Figura 4.7.

Figura 4.7
Veículos industriais para transporte interno (carrinhos de transporte, empilhadeiras etc.).

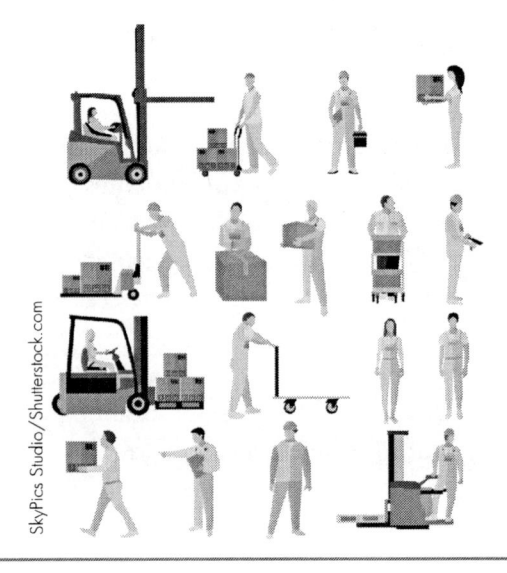

4.5 TRANSPORTE EXTERNO

No cenário brasileiro, o transporte externo se caracteriza pela possibilidade de utilização de todos os modais disponíveis, de acordo com a especificidade da carga e a localidade do destino. O tipo de carga tem uma influência muito expressiva quanto à escolha do tipo de transporte ideal, há cargas muito especiais, tais como: explosivos, inflamáveis, contamináveis, superdimensionadas, valiosas, enfim, para cada uma delas, é necessária a utilização do transporte adequado a fim de diminuir os riscos.

4.5.1 Um tipo de transporte para cada tipo de carga

Nesse tópico, não vamos esgotar o assunto quanto à relação do tipo de transporte e a carga a ser transportada, pois são muitas as variáveis envolvidas, a considerar o prazo de entrega da carga, a localização geográfica dos pontos de origem e destino, o valor e o risco de ocorrência de sinistros, além do custo para a efetivação do transporte; assim sendo, o objetivo neste estudo é gerar possibilidades para reflexões sobre o tema.

4.5.1.1 Tipos de cargas

A formação da carga acaba lhe proporcionando características específicas e de certa forma universais no ambiente logístico; a seguir, estão elencadas algumas delas.

1. Embarques de cargas em geral de uma origem, com entrega em um único destino, cuja toda capacidade nominal do meio de transporte seja utilizada em sua totalidade, são caracterizados como: TRANSFERÊNCIA.
2. Embarques de cargas de pequeno volume, com a utilização parcial da capacidade nominal do meio de transporte, são caracterizados como: FRACIONADO.
3. Embarques de carga de um ponto de saída, com entrega em um ou mais destinos, cuja toda a capacidade nominal do meio de transporte seja utilizada em sua totalidade, são caracterizados como: CONJUGADA.
4. O transporte de pequenos e grandes volumes, com prazo de entrega preestabelecidos e diferenciados, é caracterizado como: EMERGENCIAL.
5. Embarques de carga acondicionada em carrocerias, tanques, dutos etc. sem embalagem, sem separação, sem marcação são caracterizados como: GRANEL.
6. Cargas com volumes embalados e identificados individualmente são caracterizadas como: INDIVIDUAL.
7. Embarque de cargas agrupadas em um ou mais volumes em uma única unidade a exemplo de palete e contêiner é caracterizado como: UNITIZADA.

4.5.1.2 Tipos de transporte

No Brasil, desde 7 de junho de 2001 os transportes de passageiros e de carga, rodoviário, ferroviário e aquaviário são regulados pela Agência Nacional de Transportes Terrestres (ANTT), que, de acordo com o artigo 20, da Lei nº 10.233/01, de 5 de junho de 2001, tem como objetivo implementar as políticas formuladas pelo Conselho Nacional de Integração de Políticas de Transporte (Conit) e pelo Ministério dos Transportes (MT), assim como deve regular e/ou supervisionar as atividades de prestação de serviços e de exploração da infraestrutura de transporte, exercidas por terceiros, a fim de garantir a movimentação de passageiros e cargas, harmonizando e preservando o interesse público e estabelecendo padrões de segurança, conforto, regularidade e pontualidade.

- **Transporte rodoviário de carga**

Nesse contexto, tratando-se dos transportes rodoviários de carga que exploram atividade econômica, todos os veículos e as empresas devem fazer parte do Registro Nacional de Transporte Rodoviário de Carga (RNTRC), só assim estarão operando de forma regular. A Tabela 4.1 expressa a quantidade por tipo de veículos e transportador que estão regularmente registrados até novembro de 2016.

Tabela 4.1 – Tipos de veículos e transportadores registrados no RNTRC

Transportadores – Tipo de Veículo				
Tipo de veículo	Autônomo	Empresa	Cooperativa	Total
Caminhão leve (3,5 T a 7,99 T)	106.472	56.008	1.014	163.494
Caminhão simples (8 T a 29 T)	325.201	243.912	3.715	572.828
Caminhão trator	135.554	314.286	7.360	457.200
Caminhão trator especial	777	2.343	58	3.178
Caminhonete/Furgão (1,5 T a 3,49 T)	65.881	31.917	297	98.095
Reboque	9.409	30.124	233	39.766
Semirreboque	115.118	465.327	8.735	589.180
Semirreboque com 5ª roda/Bitrem	417	1.563	76	2.056
Semirreboque especial	155	1.331	18	1.504
Utilitário leve (0,05 T a 1,49 T)	26.473	12.000	166	38.639
Veículo operacional de apoio	1.015	1.604	8	2.627
Total	786.472	1.160.415	21.680	1.968.567

Fonte: BRASIL. Agência Nacional de Transportes Terrestres – ANTT. *Registro de veículos e transportadores*, 5 nov. 2016. Disponível em: <http://www.antt.gov.br/>. Acesso em: 21 mar. 2017.

Na modalidade de transporte rodoviário de carga, nota-se uma grande variedade de veículos, pois os meios de transportes e implementos são desenvolvidos e configurados para atender às distintas aplicações. Ratificando que todos os desenvolvimentos de novos meios de transporte e implementos devem constar no RNTRC.

O transporte ferroviário depende de infraestruturas muito distintas do modal rodoviário, pois é realizado sobre linhas férreas e é utilizado para o transporte de carga e passageiros. No Brasil, a grande utilização do transporte ferroviário é para a movimentação das *commodities*, pois possuem um baixo valor agregado e necessitam ser transportados em grandes quantidades, tais como fertilizantes, minérios de ferro, produtos agrícolas, carvão vegetal e mineral etc.

De acordo com o Ministério dos Transportes, as linhas férreas nacionais têm uma importante característica que é a distância de um trilho para outro, comumente chamado de bitola. Na malha ferroviária brasileira, encontram-se três tipos de bitolas, conforme ilustra a Figura 4.8.

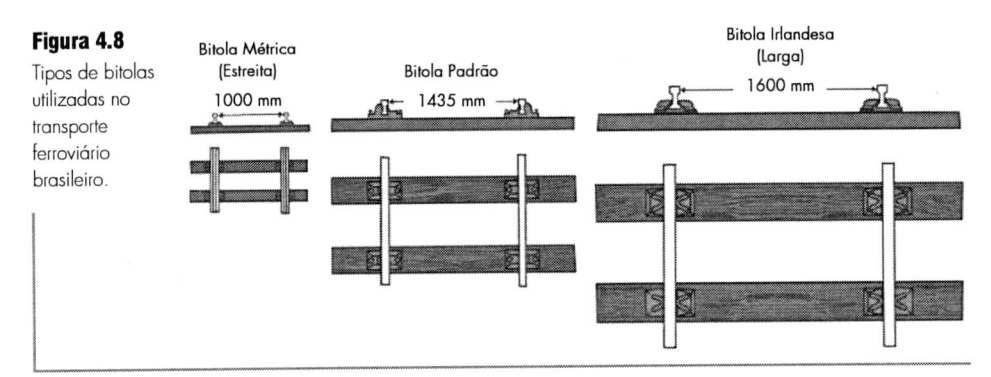

Figura 4.8
Tipos de bitolas utilizadas no transporte ferroviário brasileiro.

Bitola Métrica (Estreita) 1000 mm

Bitola Padrão 1435 mm

Bitola Irlandesa (Larga) 1600 mm

Ilustração elaborada pelos autores.

A malha ferroviária brasileira é utilizada quase em sua totalidade para o transporte de carga e está concentrada basicamente nas regiões Sul e Sudeste. Fazer a movimentação de carga por meio desse modal traz muitas vantagens, pois, de acordo com o Ministério dos Transportes, ele possui características específicas, tais como: grande capacidade de carga; adequado para grandes distâncias; elevada eficiência energética; alto custo de implantação; baixo custo de transporte; baixo custo de manutenção; possui maior segurança em relação ao modal rodoviário visto que ocorrem poucos acidentes, furtos e roubos; transporte lento em virtude de suas operações de carga e descarga; baixa flexibilidade com pequena extensão da malha; baixa integração entre os Estados; pouco poluente.

- **Transporte aquaviário ou hidroviário**

A movimentação de passageiros e de carga realizado por hidrovias é o conhecido transporte aquaviário. As hidrovias de interior podem ser rios, lagos e lagoas navegáveis, que receberam algum tipo de melhoria/sinalização/balizamento, para que um determinado tipo de embarcação possa trafegar com segurança por essa via. De acordo com a Secretaria dos Portos, o modal aquaviário utiliza-se de hidrovia para o transporte de carga em grandes quantidades e em longas distâncias.

No Brasil, através das hidrovias, são transportados minério de ferro, pedra britada, areia, grãos etc. A rede hidroviária brasileira conta com 22.037 km navegáveis. De acordo com o Ministério dos Transportes, o modal aquaviário tem importante participação na movimentação de carga nacional, pois, considerando hidrovias e cabotagem, é de 13% do total, sendo que as hidrovias respondem por 5%. O Brasil possui importantes hidrovias, a Tabela 4.2 cita as principais.

Tabela 4.2 – Principais hidrovias brasileiras

Hidrovias	Quilômetros
Amazônica	17.651
Tocantins-Araguaia	1.360
Paraná-Tietê	1.359
Paraguai	591
São Francisco	576
Sul	500

Tabela elaborada pelos autores com base em: BRASIL. Agência Nacional de Transportes Aquaviários (Antaq). Disponível em: <http://www.antaq.gov.br/portal/PNIH.asp>. Acesso em: 14 mar. 2017.

Para fazermos uma comparação com os outros modais, em 2015, de acordo com a Agência Nacional de Transportes Aquaviários (Antaq), foi movimentado no Brasil por meio da malha hidroviária, aproximadamente, 60 milhões de toneladas. Esse modal se destaca por dispor de grande capacidade de carga, baixo custo de transporte, baixo custo de manutenção, mas tem como desvantagem a baixa flexibilidade e o transporte lento.

O QUE VIMOS NESTE CAPÍTULO

Ao final deste capítulo, pudemos ter uma visão geral a respeito da logística de fluxo e refluxo de transportes, em que foram destacados os principais pontos:

- As cadeias de transporte no Brasil: qual o tipo de transporte predominante, qual a importância do setor de transportes no país, qual o Estado com melhor infraestrutura.
- A importância do transporte rodoviário para a rede logística: qual o motivo de sua priorização.
- Custos dos transportes na rede logística: como gerenciar esse custo para que seja viável à empresa e como ele pode variar de acordo com o tipo de organização.
- De que forma os transportes atuam nas atividades logísticas tanto de fluxo quanto de refluxo e qual o seu papel na qualidade do serviço.
- Como o transporte interno garante a mecanização das operações com cargas de processamento e cargas permanentes.
- Quais os tipos de equipamento utilizados para o transporte interno, como se dá o transporte externo, quais os tipos de carga que cada transporte carrega.

QUESTÕES PARA REFLEXÃO

1. O mercado logístico brasileiro dispõe de quais modais para a movimentação de carga e passageiros? E qual é mais representativo?

2. Descreva qual é a infraestrutura necessária para que cada modal desenvolva e extraia o máximo de vantagens dos seus processos de prestação de serviços.

3. Qual a importância do transporte rodoviário para a rede logística brasileira?

4. Em quais circunstâncias os gestores logísticos preocupam-se com a compreensão dos processos relacionados à atividade de transporte?

5. O transporte é a base da eficiência econômica da logística empresarial e amplia outras funções do sistema de logística. Nesse contexto, quais os princípios básicos aplicados pela gestão logística que traz benefícios não só para a qualidade dos serviços, mas também para a competitividade da empresa?

6. Conceitue e diferencie as atividades básicas dos transportes internos e externos.

7. O transporte de carga em geral ponto a ponto, ou seja, sai da origem com um único destino é caracterizado como transferência. Quando a situação for de embarque de cargas de pequenos volumes com a utilização parcial da capacidade nominal do transporte, como podemos caracterizá-lo? Exemplifique.

8. No Brasil, qual órgão busca garantir a movimentação de passageiros e cargas de forma harmoniosa, preservando o interesse público, estabelecendo padrões de segurança, conforto, regularidade e pontualidade?

9. Quais as principais características do transporte ferroviário brasileiro? Cite e justifique.

10. Qual a participação do modal aquaviário no transporte de cargas brasileiro, de acordo com o Ministério dos Transportes?

Capítulo 5

ARMAZENAGEM

5.1 INTRODUÇÃO

Primeiramente, vamos definir o que é "armazenagem". Armazenagem é o ato de armazenar, guardar ou depositar bens materiais duráveis ou perecíveis. A armazenagem e o manuseio de materiais envolvem diversos processos, os quais são formados por um conjunto de atividades que vão desde a movimentação vertical por içamento de toneladas de materiais com uma grua até a movimentação horizontal de materiais com equipamentos diversos, como vimos no Capítulo 4, o qual abordou o tema transportes.

Neste capítulo, você poderá observar as atividades diferentes que compõem o macrofluxo das operações de armazenagem, verá os processos de armazenagem e as formas de aproveitamento do espaço físico de um armazém, conhecerá alguns sistemas de estocagem, armazenagem e depósito, o que, ao final, vai proporcionar um melhor entendimento das nuances da armazenagem.

5.2 MACROFLUXO OPERACIONAL DE ARMAZENAGEM

Os gestores dos grandes centros de distribuição brasileiros, assim como as indústrias que dispõem de um grande volume de produção a ser movimentado e armazenado, entendem se fazer necessário o detalhamento de todas as atividades da armazenagem. Visto que, a exemplo, na atividade de recepção dos materiais, todos os processos envolvidos são documentados desde a chegada até a descarga do veículo e o controle de qualidade da carga.

Em geral, encontram-se nos estoques apenas os materiais que passaram pelo processo inicial da recepção, assim entende-se que estes já foram identificados e registrados, portanto, já são passíveis de serem solicitados pelos usuários. São utilizadas diversas formas para a identificação física dos materiais; a mais comum, porém, é o código de barras impresso em etiquetas de aço, constando a localização física em um armazém, tipo de material, tamanho e peso.

Dentre todas as informações utilizadas para o registro dos materiais nas empresas, além das características físicas destes, é muito importante verificar se a quantidade e a localização foram incluídas de forma correta nos registros, pois as empresas gastam muito dinheiro por má gestão de seus estoques de materiais, comprando itens que estão estocados, mas, quando se precisou deles, não foram encontrados.

Outro fator a se observar no macrofluxo operacional é a movimentação de materiais dentro dos armazéns, pois essa atividade consome muita mão de obra e consequentemente muito tempo de trabalho, o que aumenta os custos operacionais e diminui a eficiência dos processos. Uma das possíveis soluções pode ser o investimento em automação do armazém, a começar pelo emprego de sistemas integrados, tais como Warehouse Management System (WMS), conhecido como sistema de gerenciamento de armazém, muito importante para a rede logística; por meio dele, é possível identificar a rotatividade dos estoques, direcionar de forma dinâmica o *picking* (atividade que consiste em separar e preparar os pedidos) e consolidar e monitorar os redespachos, maximizando a possibilidade de geração de mais espaço para a armazenagem.

5.3 PROCESSOS DE ARMAZENAGEM

A armazenagem é formada por um conjunto de processos, dentre os quais fazem parte as seguintes etapas: recebimento, descarga, carregamento, acomodação, arrumação e conservação dos materiais e produtos. A seguir, vamos expor as características mais importantes de cada processo a fim de demonstrar a relevância da armazenagem para a rede logística.

O processo de recebimento, conhecido também como processo de entrada de materiais, é de grande importância para as empresas, uma vez que, é a partir daí que se torna possível evitar uma série de erros, retrabalhos, atrasos e consequente elevação dos custos. Em uma organização que tem todos os processos estruturados, a área de recebimento de materiais é responsável por todo o fluxo físico e de informações, integrando, de maneira sistematizada, as áreas contábil, financeira, almoxarifado, compras e custos.

Quando os fornecedores vão efetuar a entrega de mercadoria a uma empresa estruturada, esses profissionais, após passarem pela portaria, são atendidos pela área de recebimento, a qual tem como responsabilidade, primeiramente, verificar a comprovação de um pedido de compras que corresponda com o que está sendo entregue. Uma vez comprovado o pedido, fazem-se necessárias a análise e a conferência dos memorandos, inicialmente comparando os dados do pedido de compra com os da nota fiscal.

Realizados os procedimentos primários, os quais garantem que, de fato, a mercadoria foi comprada pela empresa, é hora de verificar se não houve avarias nos materiais transportados, o que normalmente é feito por meio de uma inspeção visual nas embalagens, permitindo identificar possíveis danos.

Uma vez passada a fase primária do recebimento, entra a efetivação da descarga das mercadorias, etapa em que se faz necessário observar primeiramente as normas de segurança para que o processo não provoque acidentes. Para tanto, no Brasil, a Associação Brasileira de Normas Técnicas (ABNT) redigiu a Norma Reguladora nº 11 (NR-11), que regula o transporte, a movimentação, a armazenagem e o manuseio de materiais, norma essa que as empresas utilizam como norteadora para a elaboração dos procedimentos internos de segurança.

Observados os aspectos de segurança, quanto à escolha do equipamento apropriado para o descarregamento das mercadorias, fazem-se as conferências quantitativa e qualitativa da carga recebida, e, havendo alguma divergência com o pedido, não se efetiva a descarga, procedendo-se à devolução dos produtos. Por outro lado, estando tudo em conformidade, aceita-se a mercadoria e efetiva-se a descarga.

Nesse contexto, os processos que envolvem a armazenagem devem estar bem delineados, de modo que o fluxo operacional (Figura 5.1) seja dinâmico e sem gargalos.

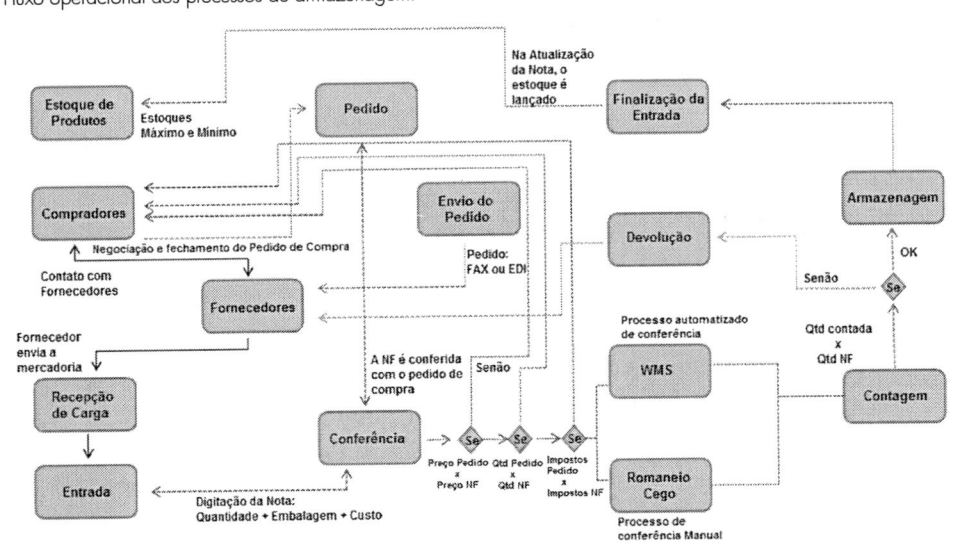

Figura 5.1
Fluxo operacional dos processos de armazenagem.

Esquema elaborado pelos autores.

Por fim, o fluxo dos processos operacionais de armazenagem tem início com a identificação da necessidade de aquisição de um produto até a sua retirada para uso, passando pela recepção da carga, conferência e armazenagem.

5.4 APROVEITAMENTO DO ESPAÇO FÍSICO

O grande desafio de qualquer gestor de um armazém é buscar o melhor aproveitamento do espaço físico disponível. Por definição, um armazém consiste no espaço físico para armazenagem e manuseio de mercadorias, espaço esse que, nas redes logísticas, pode variar muito de tamanho em função de sua destinação e as características dos bens a serem armazenados. Então, como maximizar o espaço para armazenagem, principalmente quando não se tem a expansão do armazém tomado como opção? Ao longo desse tópico, vamos analisar as opções possíveis.

Não é incomum que armazéns estejam lotados mesmo em períodos em que as vendas estão em baixa, pois sabemos que as movimentações de mercadorias nos armazéns são tão sazonais quanto as vendas dos produtos armazenados. Essa reflexão nos remete a acreditar que, se há espaço disponível, de forma racional ou não, alguém vai ocupá-lo.

A falta de espaço em um armazém se dá em razão do crescimento rápido da necessidade de movimentação de mercadorias. Isso pode ocorrer quando há compra de grande quantidade de mercadorias para aproveitamento de descontos ou produção planejada de grandes lotes para a paralisação da fábrica pela necessidade de manutenção programada. Mas, geralmente, encontram-se três tipos de deficiências na gestão de um armazém que provoca a redução do espaço:

- **Primeiro tipo**: excesso de estoque das mercadorias que têm giro maior.
- **Segundo tipo**: excesso de estoque das mercadorias que têm baixa rotatividade.
- **Terceiro tipo**: utilização ineficiente do espaço por falta de um leiaute adequado.

Para abordarmos, de forma adequada, cada um dos três tipos que apontam ineficiência na gestão de um armazém, é necessário entender as circunstâncias em que cada um desses tipos ocorre.

No caso do primeiro tipo, o excesso dos produtos que têm grande rotatividade, parece positivo em termos de atender o cliente e atingir as metas de solicitação de pedidos, já que o produto está prontamente disponível para atendimento dos pedidos dos clientes. No entanto, é comum os vendedores e os compradores das empresas comemorarem o fato de fazer os clientes felizes, cumprindo cada ordem de pedido em sua totalidade; por outro lado, o armazém opera bem abaixo dos padrões estabelecidos de produtividade e segurança.

Nesse contexto, um olhar para esse tipo de armazém vai revelar inúmeros problemas, como paletes de produtos armazenados em corredores, empilhados em áreas de doca, colocados em prateleiras de raque, ou várias unidades de manutenção de estoques misturadas em um único local. E mais: visibilidade bloqueada criando riscos de segurança, dificuldades de localização quando há a necessidade de se fazer inventário, diminuição da produtividade do trabalho e manipulações múltiplas do produto. A vantagem é que esses produtos costumam ser movimentados rapidamente através do armazém, e os problemas de falta de espaço vigoram por apenas algumas semanas.

Já no caso do segundo tipo, ter excesso de estoque das mercadorias que têm baixa rotatividade, muitas vezes, é um indicador de que as projeções de vendas ou o planejamento e controle de produção estavam incorretos, mas também pode indicar que o gestor do armazém não está gerenciando os níveis de estoque ou o produto obsoleto corretamente. Ao contrário de se ter estoque excessivo de produtos de grande rotatividade, em que os picos de inventário podem ser manipulados com trabalho extra, no caso do segundo tipo, normalmente, resulta em estoque permanecendo intocado no armazém por meses ou até anos.

Um bom exemplo dessa falta de gerenciamento de estoque ocorreu quando um fornecedor de bens de consumo, ao chegar a uma condição em que seu armazém estava completamente lotado, contratou um consultor que, após exame minucioso de seu inventário, descobriu que 600 dos 3 mil paletes no centro de manufatura não haviam sido utilizados para produção nos últimos doze meses. Foi identificado também que, no centro de distribuição, mais de 400 dos 4,5 mil paletes não tiveram vendas nos três anos anteriores, e outros 500 paletes não tiveram atividade de vendas nos últimos doze meses.

O trabalho da consultoria resultou na identificação do estoque de produtos obsoletos, os quais têm pouco ou nenhum valor no mercado aberto, mas, quanto mais cedo forem identificados, mais rápido uma empresa pode cobrir eventuais perdas e gerenciar melhor seus ativos. Tal procedimento resultou também na aprovação para que a gerência implantasse um sistema de controle de estoques, unificando as armazenagens do centro de manufatura com as do distribuição.

Por fim, temos o terceiro tipo que diz respeito aos armazéns que têm o espaço físico para armazenagem mal utilizado, o que geralmente é causado pelo crescimento constante dos estoques, pela mudança de requisitos de armazenagem (mudança na listagem de produtos) e requisitos de serviços cada vez maiores. Espaço mal utilizado é uma ocorrência comum, que acontece ocasionalmente em todos os armazéns e não é exclusivo do tipo de inventário ou das condições de armazenamento.

No Brasil, tradicionalmente, os armazéns são construídos e equipados para lidar com volumes projetados ou um número definido de produtos e cargas unitárias limitadas. Em seguida, eles são modulados para se ajustar às demandas dos clientes, bem como ser mais eficiente ao longo do tempo. Para atingir esses objetivos conflitantes, os armazéns, geralmente, aceitam penalidades de longo prazo para cumprir metas de curto prazo, como criar mercadorias personalizadas para *displays* de ponta, fixar manualmente a mercadoria de um cliente-chave ao nível da peça ou criar cargas fracionadas para simplificar o processamento do pedido de clientes quando as mercadorias, tradicionalmente, são enviadas em quantidades correspondentes à capacidade de um palete.

Todas essas etapas de personalização consomem um espaço valioso e demandam a utilização de grande parte da mão de obra das funções primárias do armazém. Outros exemplos comuns da falta de utilização do espaço incluem baixa utilização do espaço vertical, corredores muito largos e vários produtos em locais de um único compartimento ou cargas unitárias parciais sendo armazenados em locais de carga unitária. Esses tipos de problemas devem ser abordados com leiaute físico e alterações de design de estação de trabalho.

Nesse contexto, para aumentar a capacidade e a densidade de armazenamento, o primeiro passo é garantir que o espaço vertical inteiro da instalação seja efetivamente utilizado. A área vertical inclui todo o espaço acima das cargas, a folga total do edifício, o espaço acima dos corredores transversais, o espaço acima das áreas de trabalho e o espaço acima das docas. Muitas vezes, conseguem-se ganhos que vão de 20% a 50% na utilização do espaço vertical simplesmente movendo alguns feixes e adicionando uma pequena quantidade de deque ou raque uns sobre os outros.

5.5 GERENCIAMENTO DO SKU (STOCK KEEPING UNIT)

Stock keeping unit, mais comumente conhecido por sua sigla SKU, é um termo que, em geral, é usado quando se fala de sistema de gerenciamento do estoque. O gerenciamento do inventário com SKUs é importante para qualquer empresa que comercializa produtos. Configurar o rastreamento de inventário corretamente é crucial e isso começa com a configuração do SKU.

Os SKUs de uma empresa são os códigos de produto que ela, seus clientes e fornecedores podem usar para pesquisar e identificar ações disponíveis em listas, faturas ou formulários de pedido, tal codificação é comumente utilizada por fabricantes e montadoras de produtos em série.

Os produtos que são recebidos em uma empresa precisam ser adequadamente rastreados para se saber quantos estão disponíveis. Qualquer variação do produto pode ser facilmente rastreada usando um sistema de gerenciamento de inventário baseado em nuvem. Se os produtos em um armazém ou depósito têm SKUs, a disponibilidade de estoque é fácil de ser determinada.

Os inventários são realizados para garantir que os níveis de estoque do armazém correspondam aos níveis de estoque do sistema de gerenciamento de estoque. Cada variação do produto deve ter seu próprio SKU original. Isso torna muito fácil reconciliar os níveis de estoque.

Um aspecto fundamental para qualquer empresa é o rastreamento e a identificação dos pontos de avarias dos estoques e a falta de produtos. As empresas sofrem prejuízo com os produtos avariados, uma vez que não podem comercializá-los, acabando por perdê-los. A ocorrência de itens danificados ou a falta de alguns deles pode acontecer em qualquer lugar ao longo da cadeia de suprimentos e, em muitos casos, ocorrem em razão do mau acondicionamento e de roubo. O gerenciamento de estoque correto cria transparência e minimiza a oportunidade de desvios e fraudes.

Gerir manualmente grandes quantidades de estoque pode ser difícil para um pequeno empresário. Adicionar um SKU a cada alteração do produto significa que a quantidade de produtos em mãos é facilmente conhecida. Estabelecer um ponto de encomenda ajuda a definir a quantidade mínima aceitável para o estoque de cada produto, a qual, quando atingida, deve disparar um pedido de reposição. Assim, gerenciando o estoque com SKUs significa que o nível de produtos no armazém, provavelmente, nunca vai ficar fora de controle.

5.6 SISTEMAS DE ARMAZENAGEM

Esse tópico não tem a pretensão de esgotar o assunto sobre sistemas de armazenagens, tampouco abordar todos os equipamentos disponíveis para tal. A inclusão desse tópico no capítulo se fez necessária, pois no trabalho de pesquisa identificou-se que os gestores dos armazéns, de forma geral, têm uma preocupação muito grande em fazer a melhor escolha quanto ao sistema de armazenagem. Vale lembrar que o sistema de armazenagem deve estar dimensionado de acordo com tamanho, peso, formato e espaço necessário e disponível. Dessa forma, podemos entender que o sistema de armazenagem se caracteriza pelos vários tipos de equipamentos manuais ou automatizados que servem para acomodar e organizar todos os tipos de materiais.

As figuras a seguir expõem alguns dos mais comuns equipamentos de armazém disponíveis no mercado brasileiro.

Paletes ou pallets (Figura 5.2): estruturas para acondicionamento de produtos fabricadas em madeira, plástico ou metal, podendo ser movimentadas com a utilização de empilhadeira manual ou mecanizada.

Figura 5.2
Paletes de madeira, os mais tradicionais do mercado, usados, inclusive, para e como decoração; de plástico, muito usados no transporte de produtos perecíveis, como carnes congeladas, por ser resistente à água (não enferruja nem apodrece); e de metal, utilizados em situações que necessitam de um nível de resistência e impacto muito alto, geralmente, em portos e armazéns.

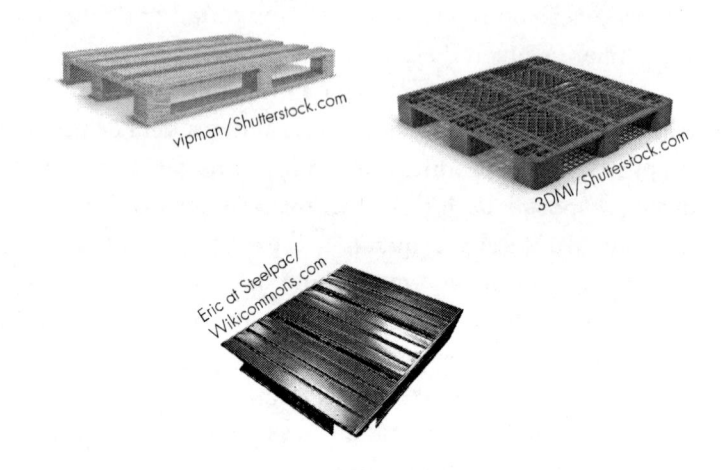

vipman/Shutterstock.com
3DMI/Shutterstock.com
Eric at Steelpac/Wikicommons.com

Raques paletes (Figura 5.3): estantes mais populares e versáteis na indústria. Oferecem as melhores soluções para armazéns com produtos paletizados e uma grande variedade de produtos. Sua utilização traz como vantagem o acesso direto a cada palete, e o gerenciamento simples de estoque é adaptável a qualquer volume, peso ou tamanho do produto.

Figura 5.3
Raque paletes.

Champiofoto/Shutterstock.com

A paletização seletiva com a utilização dos raques pode ser configurada para uma variedade de aplicações. Uma opção são os raques de profundidade dupla, que aumentam a capacidade de armazenamento, permitindo que quatro paletes sejam empilhados lado a lado. Um raque seletivo também pode ser usado na construção de edifícios com suporte em raque, bem como para necessidades de armazenamento mais básicas.

Sistema de prateleiras ou shelving (Figura 5.4): é projetado para o carregamento manual de cargas médias a pesadas, sendo ideal para armazenar pequenas quantidades de uma grande variedade de tipos de produto. Como vantagem de utilização, pode-se destacar a montagem rápida e fácil; pode, também, ser adaptado para um módulo de prateleira para qualquer configuração de carga, e, com a utilização de vigas em "Z", pode acomodar painéis de prateleira de aço galvanizado, deques de arame reforçado e vigas de suspensão para armazenar têxteis e roupas.

Figura 5.4
Sistema de prateleiras ou shelving.

Raque para tubos (Figura 5.5): suporte com braços ancorados em uma grande coluna em uma extremidade, muito utilizado para armazenagem de tubos, o que deixa a face de *picking* desimpedida por elementos estruturais.

Figura 5.5
Raque utilizado para armazenagem de tubos.

Silos (Figura 5.6): dependendo da aplicação, o silo pode ser fabricado em estrutura metálica, em concreto estrutural ou armado, muito utilizado para armazenagem de materiais que dependem de fluxo livre, a exemplo do cimento a granel, concreto, cereais, sementes, açúcar, cevada etc. Por ter como característica o armazenamento de grandes volumes, ser de fácil manutenção e maior tempo útil, os silos tornam-se mais econômicos em longo prazo.

Figura 5.6
Silos de concreto e de estrutura metálica.

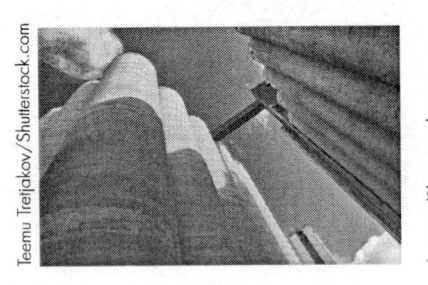

Contêineres (Figura 5.7): trata-se de uma caixa retangular, podendo ser produzida em alumínio, aço e até mesmo, dependendo da aplicação, em fibra de materiais recicláveis. Esse dispositivo de armazenagem foi constituído, a princípio, como um equipamento para ser rebocado por um veículo de transporte, conhecido popularmente como cavalo-mecânico. O contêiner é comumente utilizado para o transporte e armazenagem de materiais, podendo receber adaptações com a finalidade de se tornar climatizados para os produtos que dependem de baixas temperaturas. É acessível através de portas frontais ou laterais, as quais permitem carregamento e esvaziamento prático e rápido.

Figura 5.7
Contêineres utilizados comumente para o acondicionamento e transporte de cargas em navios e trens. Evitam as perdas com quebras, deterioração ou desvios no transporte. O tipo mais básico é denominado *Dry Box*, utilizado para cargas gerais secas.

Por fim, nota-se que todos os sistemas de armazenagens expostos foram concebidos a partir de necessidades gerais ou específicas, podendo ser utilizados no início ou no final do processo produtivo ou da rede logística reversa ou não. Ocorrem alguns fatores básicos que determinam a necessidade da armazenagem, dentre os quais se pode destacar a melhoria contínua de controle e organização dos materiais no armazém, o que, indiretamente, contribui para a mitigação das condições operacionais inseguras. Nesse contexto, vale citar também que as possíveis reduções dos custos com mão de obra operacional e perdas por avarias e desvios em materiais e embalagens também acabam por fazer parte dos fatores que determinam a necessidade de armazenagem.

O QUE VIMOS NESTE CAPÍTULO

Ao longo deste capítulo, pudemos ter contato com as diversas atividades que compõem o macrofluxo das operações de armazém, destacando os principais pontos:

- O custo do consumo de mão de obra e o tempo de trabalho em razão da movimentação de materiais dentro dos armazéns.
- O processo de armazenagem: o recebimento da mercadoria, a efetivação da descarga das mercadorias, a verificação de avarias dentro das normas de segurança, conferência e armazenagem.
- Aproveitamento do espaço físico: a gestão do espaço com relação à quantidade de mercadorias, tempo de estocagem e tamanho do espaço.
- Sistema de armazenagem. Neste tópico vimos os principais tipos de equipamentos de armazéns disponíveis.

QUESTÕES PARA REFLEXÃO

1. De forma abrangente, como pode ser definida a armazenagem?
2. Qual é a forma mais comum de identificação física dos materiais?
3. Quais informações relacionadas aos materiais devem ser registradas antes da sua acomodação no armazém?
4. Quais os processos que compõe a armazenagem?
5. Como pode se dar o processo de recebimento de mercadorias em empresas estruturadas?
6. Qual a importância da norma reguladora nº 11 (NR-11) para o seguimento logístico de armazenagem?
7. Qual a importância do planejamento para a utilização do espaço físico?
8. Cite e comente os três tipos que apontam ineficiência na gestão de um armazém.
9. Qual a relação da má utilização do espaço físico com a mão de obra utilizada para armazenagem e a segurança no trabalho?
10. Comente os vários sistemas de armazenagem expostos neste capítulo.

Capítulo 6

SISTEMAS DE INFORMAÇÃO

6.1 INTRODUÇÃO

As empresas, há algumas décadas, utilizavam como sistema de informação logística os apontamentos realizados em fichas que eram preenchidas de forma manuscrita ou mecanicamente. Essa prática exigia a utilização de grandes espaços para a armazenagem dos arquivos que continham as fichas, comumente chamados de kardex, nome adotado em referência ao fabricante desses arquivos.

Fazia-se, pois, necessária também a mão de obra especializada e em quantidade, pois a precisão ao efetuar o registro dos dados era fundamental para que as informações geradas, a partir deles, pudessem ser utilizadas pelos gestores na tomada de decisão. Contudo, faziam-se também necessários inventários constantes a fim de mitigar as distorções entre as quantidades físicas e as efetivamente lançadas.

Com o passar do tempo e a popularização dos microcomputadores, foram surgindo ferramentas que agregavam valores às atividades das redes logísticas, as quais passaram a ter informações de forma sistematizada, com maior rapidez, exatidão e confiança, o que proporcionou maior produtividade com menos custos.

Para o melhor entendimento da evolução e importância do sistema de informação logística, neste capítulo serão abordados alguns tópicos como: conceito e tipos de sistema de informação; importância do sistema de informação para a logística; sistema de gerenciamento empresarial; software de apoio à gestão logística.

6.2 CONCEITO DO SISTEMA DE INFORMAÇÃO

Para falar sobre sistema de informação, antes temos de nos remeter ao passado e conhecer o trabalho do biólogo e pesquisador científico austríaco Karl Ludwig von Bertalanffy (1901-1972), respeitado como o criador da teoria geral dos sistemas, após desenvolver e publicar em 1950, um estudo intitulado de *The theory of open systems in physics and biology*, que trata da teoria dos sistemas em física e biologia. Ele parte do pressuposto que existe uma nítida tendência para a integração nas diversas ciências naturais e sociais, as quais parecem orientar-se rumo a uma teoria de sistemas. Essa teoria de sistemas pode ser uma maneira mais abrangente de se estudar os campos não físicos do conhecimento científico, especialmente o das ciências sociais.

Bertalanffy, nesse estudo, faz uma analogia dos sistemas de informação, comparando-os com os da natureza, do meio ambiente, do corpo humano. Como funciona o sistema logístico de informação entre os órgãos do corpo humano, que, individualmente, não conseguem cumprir a sua função, pois se dá a interdependência entre eles, ocasionando sua interação, e é esta última que forma os sistemas de informação.

Essa teoria de Bertalanffy, além de contribuir para as ciências físicas e biológicas, serve também para nortear a gestão das empresas no campo das ciências sociais. Uma empresa, não é um corpo etéreo; é composta basicamente por três tipos de recursos: humanos, financeiros e materiais. Para que a empresa se desenvolva, faz-se necessário que haja interação entre seus recursos por intermédio do sistema de informação.

Por fim, podem-se conceituar os sistemas de informação como um conjunto de recursos humanos, financeiros e materiais, interdependentes, mas interativos entre si, que, juntos, formam uma rede logística, trazendo resultados expressivos para as organizações.

6.3 TIPOS DE SISTEMAS DE INFORMAÇÃO

Dado o aumento populacional, houve o consequente aumento das vendas de bens de consumo e duráveis. Houve o aumento também do grau de exigência do consumidor por qualidade, tanto do produto quanto da sua distribuição. O consumidor passou a entender que, ao comprar um produto, junto a essa atividade de compra está inserido um conjunto de serviços, tais como: armazenagem, transporte, embalagem, assistência pós-venda, logística reversa etc.

Essa consciência do consumidor fez com que as organizações voltassem seu olhar para o sistema de informação logística. Assim, para que seja possível um estudo mais aprofundado, vamos dividir o sistema em dois tipos, os que estão sob domínio interno e os sob domínio externo.

6.3.1 Sistemas de informação logística internos

No século passado, muitas empresas brasileiras mantinham a gestão mais focada nos sistemas de informação internos; tal ação não contribuía em nada para a expansão dos negócios. As empresas que se sobressaíram naquele período foram bem-sucedidas mais pelo aumento populacional e sua consequente demanda por consumo do que por inovações tecnológicas.

O sistema de informação logística interno contempla todas as áreas de uma organização, sejam elas, finanças, sejam marketing, contabilidade, produção, logística, suprimentos etc., esse tipo tem características de sistema fechado, pois interagem entre si apenas.

Dentre os propósitos de as empresas manterem um sistema de informação interna integrado, está a necessidade de se obter respostas imediatas e sustentadas por dados atualizados e apontamentos seguros, para a tomada de decisão mais assertiva. Todas as decisões a ser tomadas tornam-se mais eficientes, com maior possibilidade de acertos, se as informações que circulam pela empresa forem atualizadas, abrangentes e integradas. Essa visão holística levou os gestores a entender a necessidade de se transpor os limites internos das organizações e explorar os sistemas de informação logística externos.

6.3.2 Sistemas de informação logística externos

Quando houve o advento de abertura da economia, durante o governo Collor, muitas organizações estrangeiras, vislumbrando as oportunidades de investimento no mercado consumidor nacional, acabaram por instalar suas indústrias e seus pontos comerciais em território brasileiro. Tal ação trouxe muitos benefícios, entre os quais se destaca a tecnologia da informação (TI, sigla universal); onde antes havia apenas softwares e hardwares obsoletos e ineficientes, passou a haver sistemas de informação integrados, o Enterprise Resource Planning (ERP), permitindo o planejamento dos recursos da empresa de forma mais eficaz.

O sistema externo de informação logística, ao contrário do interno, é um sistema aberto, que interage com o ambiente externo, comunicando-se com clientes, fornecedores, centro de distribuição, transportadores, atacadistas, varejistas, enfim, com toda a rede logística, compartilhando dados e informações importantes para tomadas de decisão.

Nesse contexto, percebe-se o surgimento de subsistemas, que são sistemas contidos em outros sistemas maiores. Os subsistemas são conhecidos como sistemas de gerenciamento, a exemplo de pedido, transporte e armazenagem, como ilustrado na Figura 6.1.

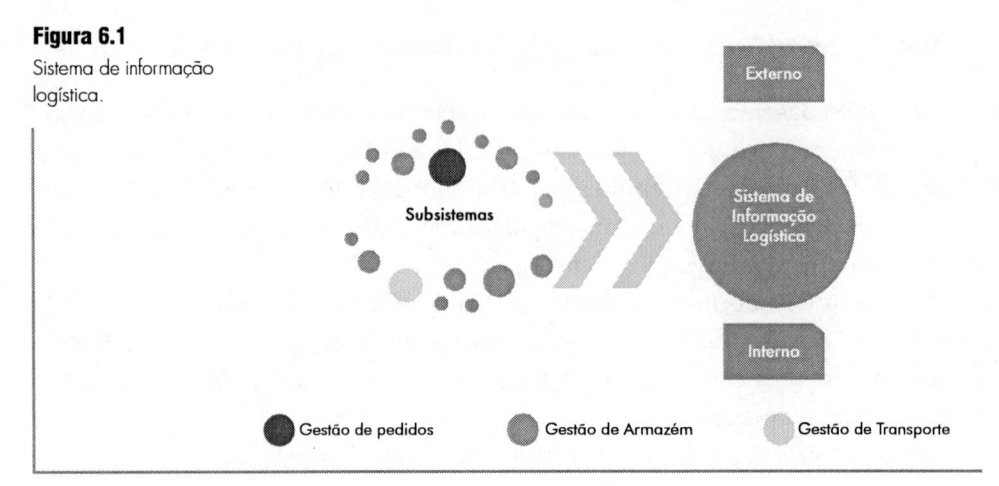

Figura 6.1
Sistema de informação logística.

Externo
Subsistemas
Sistema de Informação Logística
Interno

● Gestão de pedidos   ● Gestão de Armazém   ● Gestão de Transporte

Esquema elaborado pelo autor Goulart, VDG (2016).

Os subsistemas de gerenciamento estão setorizados, e seus usuários são responsáveis por alimentar e tratar os dados, transformando-os em informações para a tomada de decisão. É de extrema importância que os subsistemas sejam alimentados com dados consistentes, para que os gestores não sejam induzidos a erros e transtornos.

6.4 A IMPORTÂNCIA DOS SISTEMAS DE INFORMAÇÃO PARA A LOGÍSTICA

Quando o governo de um país adota medidas expansionistas promovendo o consumo, a economia e o modo de agir do consumidor mudam. Passa a existir mais crédito para os fabricantes, fornecedores e consumidores, aumenta o número de cidadãos empregados, o que faz com que as famílias consumam mais, alimentando o ciclo econômico, elevando-se todos os índices mensuráveis dos setores envolvidos.

Dado esse panorama, faz-se necessário que os sistemas e subsistemas estejam dimensionados para suportar os picos de demanda, pois há, no ciclo, milhões de informações transitando por toda a rede logística, as quais são processadas quase que instantaneamente, como pedidos emitidos, produtos transportados, armazenados e distribuídos em grande escala, e vendas realizadas por internet, pontos de venda, televisão e telemarketing.

Em tempos que a velocidade do processamento da informação logística é uma premissa básica para a sobrevivência e o sucesso das organizações, caiu em desuso a geração de documentos em papel, uma vez que a interatividade eletrônica está avançando a cada dia. Atualmente, é nostalgia falar em pedidos, notas fiscais, romaneios, conhecimentos de transportes, emitidos de forma mecanizada ou manuscrita, em várias folhas carbonadas, as quais, após preenchimento, tinham suas vias distribuídas aos destinatários. Nessa situação, o sistema de circulação das informações era muito moroso, fazia com que houvesse muito mais gente envolvida no processo, aumentava a possibilidade de erros e elevava os custos diretos e indiretos.

A dinâmica e a velocidade das transformações do mercado fizeram com que o sistema de informação gerenciado apenas por meio de formulários em papel, fosse transferido para meios eletrônicos, proporcionando mais precisão, velocidade e segurança às organizações, pois um sistema de informações logísticas eficiente é de suma importância, uma vez que aumenta as oportunidades de negócios e reduz os custos operacionais, além de permitir que os gestores tenham em tempo real as informações necessárias para as tomadas de decisão.

A transformação tecnológica do sistema de informação é também percebida pelos clientes, a partir do momento em que eles conseguem saber em tempo real o posicionamento dos seus pedidos, seja por meio da internet, seja por meio de uma ligação telefônica.

Os sistemas de informação disponibilizam ao cliente os dados técnicos do produto, como quantidade em estoque, preço, programação do tempo de entrega e data a ser faturado. Essas informações, produzidas de forma automatizada (automática e eletrônica), auxilia e dá mais tempo para os gestores se dedicarem ao gerenciamento dos recursos financeiros, humanos e materiais.

No início dos anos 1990, muitas foram as empresas que investiram em tecnologia de sistemas de informação, com a finalidade de melhorar sua posição de mercado ante a concorrência, pois não bastava mais apenas ter os melhores produtos, precisava também ter maior rapidez diante das necessidades emergentes. Assim, foram surgindo novas organizações, algumas já em atividade foram se adaptando; outras, sucumbindo.

Os novos sistemas de informação, que são gerenciados eletronicamente, permitem maior interação entre toda a rede logística, a ponto de o fabricante saber, em tempo real, quais produtos da sua linha de produção o atacado e o varejo têm estocado. Tal procedimento faz com que o fabricante consiga planejar melhor seus sistemas e subsistemas de informação, quanto à aquisição de matéria-prima, produção, transporte, armazenagem e distribuição de seus produtos, reduzindo os custos desnecessários para todos os envolvidos na cadeia logística.

6.5 SISTEMA DE GESTÃO EMPRESARIAL

A busca constante das organizações pela eliminação das atividades e processos, que não trazem resultados financeiros aos negócios, faz com que o mercado de softwares de gestão empresarial se desenvolva a uma velocidade ímpar. Esse mercado brasileiro é tão fértil que não se sabe ao certo quantas empresas desenvolvedoras de sistema de gestão integrada, os ERPs, vigoram, hoje, em operação.

Um sistema ERP permite o planejamento dos recursos disponíveis por meio da integração de todos os processos, evitando a ocorrência de retrabalhos e tornando disponível e unificando as informações para todas as áreas da organização. A integração do sistema de informação, de forma que todos tenham acesso aos mesmos dados e ao mesmo tempo, por si só, faz com que haja um ganho expressivo em tempo de comunicação e nos ajustes quando necessário, pois estudos mostram que a tomada de decisão se faz morosa quando há divergência de informações.

Para algumas empresas, apesar de os executivos terem a consciência da importância de ter um sistema de gestão integrado por meio da utilização de um software ERP, os custos de aquisição e implantação inviabilizam essa ação. Cientes dessa dificuldade, as empresas desenvolvedoras dos ERPs, modularam os sistemas, vendendo os módulos a valores acessíveis e cobrando por manutenção mensal do software e horas de implantação. Os valores envolvidos em aquisição, manutenção, licenças por usuários e implantação, pode oscilar de 100 mil a milhões de reais, dependendo do porte da empresa e do seguimento em que atua.

No mercado brasileiro, os softwares de gestão integrada ERP, mais conhecidos, são dois, o alemão SAP, desenvolvido pela SAP AG, que é a líder mundial no mercado de sistemas de gestão integrados e a brasileira TOTVS, líder brasileira do segmento, comercializando o ERP Protheus e outras ferramentas que o complementa. As demais empresas e desenvolvedores autônomos de softwares complementam e atendem aos demandantes. Vale ressaltar que, dada a especificidade dos processos de cada empresa, via de regra, faz-se necessária a customização de rotinas e relatórios dos módulos, o que torna ainda mais onerosa sua implantação.

A Figura 6.2 ilustra o quanto um sistema de gestão empresarial integrada pode auxiliar na tomada de decisão nos níveis estratégico, tático e operacional da organização, por meio das informações uniformes que são geradas e disponibilizadas a todos os envolvidos no processo.

No próximo tópico, serão tratadas de forma específica as ferramentas de gestão logística, pois, como é possível observar na Figura 6.2, as áreas específicas da logística não foram contempladas no sistema ERP exposto.

Figura 6.2
Níveis organizacionais alcançados pelo sistema ERP.

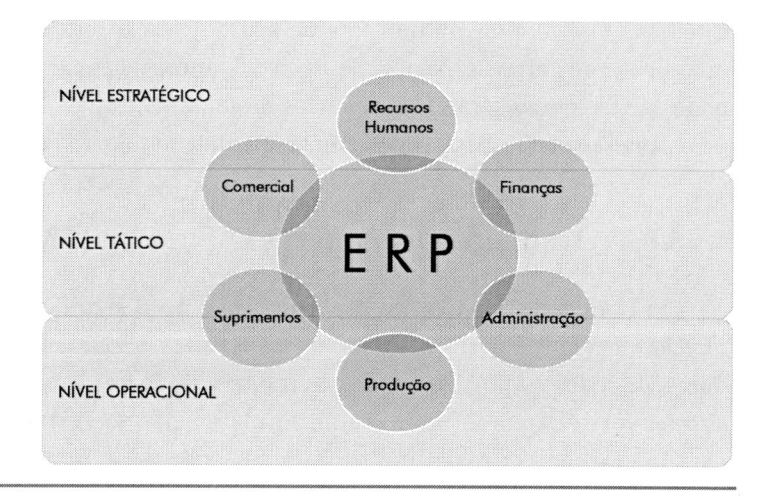

NÍVEL ESTRATÉGICO
NÍVEL TÁTICO
NÍVEL OPERACIONAL

Recursos Humanos
Comercial
Finanças
ERP
Suprimentos
Administração
Produção

Esquema elaborado pelos autores.

6.6 SOFTWARES DE APOIO À GESTÃO LOGÍSTICA

A rede logística tem áreas que demandam gestão direcionada a cada atividade específica, principalmente referente a gerenciamento de armazém, planejamento de estoques, previsão de demanda e roteirização e programação de entregas.

6.6.1 Order Management System (OMS)

Conhecido no mercado brasileiro como sistema de gerenciamento de pedidos e serviços, o mesmo é ofertado por diversas empresas, e todos os softwares, basicamente, têm as mesmas funções, mas, por problemas técnicos, nem todos têm interface amigável de integração com os demais módulos dos sistemas ERP utilizados, o que provoca a utilização de dois softwares que não interagem entre si.

Durante muitos anos, as empresas brasileiras mantiveram controles precários na gestão da rede logística, o que ocasionava custos elevados. O gerenciamento de pedidos se dá a partir da identificação de necessidade do cliente, essa é a fase de captação; posteriormente, entra a fase de validação, avaliação, de formação da carga e separação. As atividades de validação e avaliação compreendem também a verificação de disponibilidade de produtos no estoque, assim como, concomitantemente, é verificado se o cliente tem crédito aprovado para a operação vigente.

Os sistemas OMS, disponíveis no mercado nacional, dispõem de rotinas que possibilitam o processamento de pedidos, a análise de crédito, a análise de estoques, a roteirização, a montagem de carga de acordo com o tipo de veículo, a análise da quantidade de entregas, o controle físico e financeiro das cargas, contra produtos em poder de terceiros, gerando romaneios de todas as cargas. Em síntese, todos atendem às necessidades básicas de gerenciamento e gestão de pedidos.

6.6.2 Transport Management System (TMS)

Em tradução simples para o português, o TMS significa o nacionalmente conhecido sistema de gerenciamento de transportes. No Brasil, há muitas transportadoras, de todos os portes, e todos os modais; de forma precária ou não, podemos afirmar que elas começaram a utilizar algum tipo de sistema de gerenciamento para os transportes realizados, pois as que não adotaram tal procedimento não estão mais em atividade no mercado.

Partindo desse princípio, um software, que tem como premissa básica atender às necessidades do TMS, deve oferecer, no mínimo, as funções básicas, como selecionar o tipo de modal, consolidar os fretes, planejar e programar os embarques e desembarques, calcular e sugerir roteiros, rastrear todos os percursos e o desembarque e emitir documentos fiscais inerentes às operações realizadas.

6.6.3 Warehouse Management System (WMS)

Nacionalmente conhecido como sistema de gerenciamento de armazéns, assim como o TMS, encontram-se no mercado brasileiro diversas soluções em software para a realização de operações em armazéns. As principais características encontradas nos sistemas são os controles de datas de validade e a localização imediata do item no armazém por meio de sistema de rastreamento. E todos os softwares oferecem as funções operacionais básicas, como: controle de recebimento, endereçamento, armazenagem, ressuprimento, transbordo, *crossdocking*, conferência, devolução, expedição, separação e inventário.

A maioria dos softwares intitulados como WMS tem como propósito otimizar as funções operacionais do armazém, tornando seu gerenciamento mais eficiente e dotado de informações mais precisas e confiáveis, o que muito facilita a organização do inventário e proporciona considerável redução e controle dos custos operacionais dos centros de distribuição.

As soluções WMS disponíveis no Brasil integram-se amigavelmente com outros dispositivos que proporcionam aos gestores melhor controle interno dos armazéns e centros de distribuição. O mercado dispõe de equipamentos de movimentação interna, como transelevadores, por exemplo, responsáveis por toda a movimentação interna de produtos de forma automatizada e controlada pelo WMS residente. Dessa forma, os centros de distribuição, que têm como função a armazenagem e o despacho dos produtos fabricados ou adquiridos para ser revendidos, operam com maior eficiência e menor custo.

Dentre as funções operacionais do sistema de gerenciamento de armazém, que foram citadas neste capítulo, vamos agora dar destaque para algumas delas a começar pelo recebimento. A área de recebimento, que tem como função receber os produtos entregues pelos transportadores contratados pelos fabricantes ou fornecedores, também tem em seu rol de atributos a reposição dos estoques, emitindo pedidos quando a quantidade de produtos cai ao nível mínimo aceitável. Além disso, a área costuma ser responsável também pela baixa de pedidos e a conferência dos documentos fiscais correspondentes aos produtos recebidos.

Nesse contexto, vale destacar também a função de armazenagem, que é caracterizada pela guarda de produtos para serem transportados quando solicitado pelo cliente. Essa função contempla a movimentação de produtos de forma automatizada ou não entre as dependências do armazém ou centro de distribuição. E, por fim, há que se dar destaque à função de expedição que contempla as atividades de recebimento de pedidos de despacho ao cliente, separação dos produtos armazenados constantes no pedido, programação dos transportes e efetivação da carga dos veículos, e, por fim, a preparação da documentação correspondente aos volumes a serem transportados.

O QUE VIMOS NESTE CAPÍTULO

Ao longo deste capítulo, entendemos melhor a evolução e a importância do sistema de informações para gestão da logística da empresa. Os temas que abordamos foram:

- Conceito do sistema de informação, visando à necessidade de interação de recursos humanos, financeiros e materiais como forma de trazer resultados expressivos às organizações.
- Para que servem os sistemas de informação, dada a necessidade do aumento de vendas, o aumento da exigência do consumidor por qualidade. Quais os tipos de sistemas de informação logística e qual a forma de atuação de cada um.
- Como aumentar a produtividade implementando os sistemas de gestão empresarial e quais os softwares podem ser utilizados para o apoio à gestão.

QUESTÕES PARA REFLEXÃO

1. O que Karl Ludwig von Bertalanffy buscava defender quando desenvolveu e publicou um estudo intitulado de *The theory of open systems in Physics and Biology*? Comente e explique.

2. Sabendo-se da disponibilidade dos sistemas de informação logísticos de domínio interno e externo, comente e explique as diferenças entre eles.

3. Identifique qual é a importância do sistema de informação para a logística. Comente a respeito.

4. A busca constante das organizações pela eliminação de atividades e processos que não trazem resultados financeiros aos negócios faz com que o mercado de softwares de gestão empresarial se desenvolva a uma velocidade ímpar. Comente sobre os benefícios de sistematizar a gestão empresarial.

5. Em que abrangência um sistema de gestão empresarial integrado pode auxiliar na tomada de decisão nos níveis estratégico, tático e operacional da organização? Explique sua resposta.

6. A rede logística tem áreas que demandam gestão direcionada a cada atividade específica, as quais incluem-se principalmente o gerenciamento de um armazém, o planejamento dos estoques, a previsão de demanda, assim como a roteirização e a programação das entregas. Comente sobre as atividades específicas referenciadas.

7. Os sistemas OMS disponíveis no mercado nacional dispõem de rotinas específicas para atender as redes logísticas. Comente sobre o OSM e suas rotinas disponíveis.

8. Comente sobre as funções básicas oferecidas pelos sistemas de TSM disponíveis no mercado brasileiro.

9. As soluções WMS disponíveis no Brasil integram amigavelmente com outros dispositivos que proporcionam aos gestores melhor controle interno dos armazéns e centros de distribuição. Comente sobre a importância dessa integração com outros sistemas e sobre as consequências de não haver a integração.

10. Comente sobre a importância das funções recebimento, armazenagem e expedição para um bom sistema de informação logística.

Capítulo 7

CATEGORIAS DE CADEIA REVERSA

7.1 INTRODUÇÃO

As empresas fazem a opção pela logística reversa por diversas razões: **econômica**, pelo reaproveitamento de matéria-prima proveniente dos canais reversos de reúso e de remanufatura; **legislativa:** uma vez que as empresas necessitam obedecer à lei sancionada sobre o assunto, a Lei Federal nº 12.305/2010, de 2 de agosto de 2010, a qual se refere à Política Nacional dos Resíduos Sólidos (PNRS), que dispõe sobre diretrizes relativas à gestão integrada e ao gerenciamento dos resíduos sólidos; ou **ecológica:** pela preservação do meio ambiente, considerando o impacto do produto durante o seu ciclo de vida.

Assim, estudaremos a seguir as formas de categorização da logística reversa que envolvem o tipo de produto que retorna, o ciclo de vida desses produtos, os motivos de seu retorno, a seleção de seu destino etc., e que dão às empresas essa visão ampla de economia e autossustentação. Buscaremos, também, a maior compreensão do seu funcionamento como ferramenta de gestão.

7.2 CICLO DA LOGÍSTICA REVERSA (CLR)

A cada hora são produzidos no Brasil e em todo o mundo milhões de bens de consumo. Por mais que as empresas invistam em programas de melhoria contínua, e por menor que seja a quantidade, o processo produtivo acaba gerando resíduos sólidos. Tal resultado, por consequência, faz com que seja mister a disponibilização de um local adequado para a armazenagem dos resíduos até que sua destinação final seja definida. Com o advento da legislação específica para descarte adequado dos resíduos, foram surgindo empresas especializadas em fazer a reciclagem e o reprocessamento, transformando-os em novas matérias-primas. Assim inicia-se o ciclo da logística reversa.

Nesse contexto, vamos estudar alguns agentes que compõem o CLR. Assim sendo, identificamos que os resíduos, a coleta seletiva, as cooperativas de catadores, os sucateiros e a indústria de reciclagem são importantes partes integrantes desse ciclo; destarte, vamos estudar cada um deles.

7.2.1 Resíduos

De acordo com o *Dicionário Aurélio*, "resíduo é aquilo que resta; o que fica das substâncias submetidas à ação de vários agentes físicos ou químicos". Em simples palavras, resíduo é o resto, o lixo que pode ser sólido ou orgânico, tendo como fontes geradoras ambientes residenciais, industriais, hospitalares, obras de infraestrutura etc. Lixo orgânico são resíduos gerados por residências, comércios, indústrias ou prestadores de serviços, que têm como origem um ser vivo, vegetal ou animal. Já os lixos sólidos, apesar de serem gerados pelas mesmas fontes do orgânico, são constituídos por materiais passíveis de serem reciclados e voltarem ao processo produtivo como matérias-primas.

Entre os resíduos sólidos, vale destacar que há uma classe a considerar como perigosa, pois são formados por compostos químicos tóxicos, que, sendo descartados de forma inadequada, podem causar a contaminação do solo e da água. Há que se ter o mesmo cuidado com os resíduos químicos, biológicos e radioativos, comumente produzidos nos ambientes hospitalares.

7.2.2 Coleta seletiva

Para que seja possível uma coleta seletiva, faz-se necessária, por parte das fontes geradoras dos resíduos, a separação prévia de acordo com o tipo e a composição. Como já foi citado, as fontes geradoras podem ser o comércio, a indústria, prestadores de serviços ou o cidadão, e a separação pode se dar por coletores, com a identificação dos tipos de materiais, sendo os mais comuns o papel, o plástico, o vidro, o metal, o orgânico e o não reciclável (os perigosos, por exemplo, pilhas), conforme demonstra a Figura 7.1.

A coleta seletiva dos resíduos sólidos que podem ser reciclados gera valor econômico, pois estes podem ser tratados, processados e transformados em matérias-primas para a fabricação de novos produtos como já mencionados. A Lei nº 12.305/10, de 2 de agosto de 2010, que trata da política nacional de resíduos sólidos, reza que os municípios têm a obrigação de promover a implementação da coleta seletiva, mas prevê também que, se tratando do setor empresarial, quaisquer sistemas implantados para atender à logística reversa são passíveis de cobrança.

Figura 7.1
No Brasil, a Resolução Conama nº 275, de 25 de abril de 2001, estabelece o código de cores para os diferentes tipos de resíduo: marrom, resíduos orgânicos; amarelo, metais; vermelho, plástico; verde, vidro; azul, papel e afins; laranja, resíduos perigosos. (E mais: branco, resíduos clínicos em geral; cinza, resíduos gerais, não recicláveis; preto, madeira; roxo, resíduos radioativos).

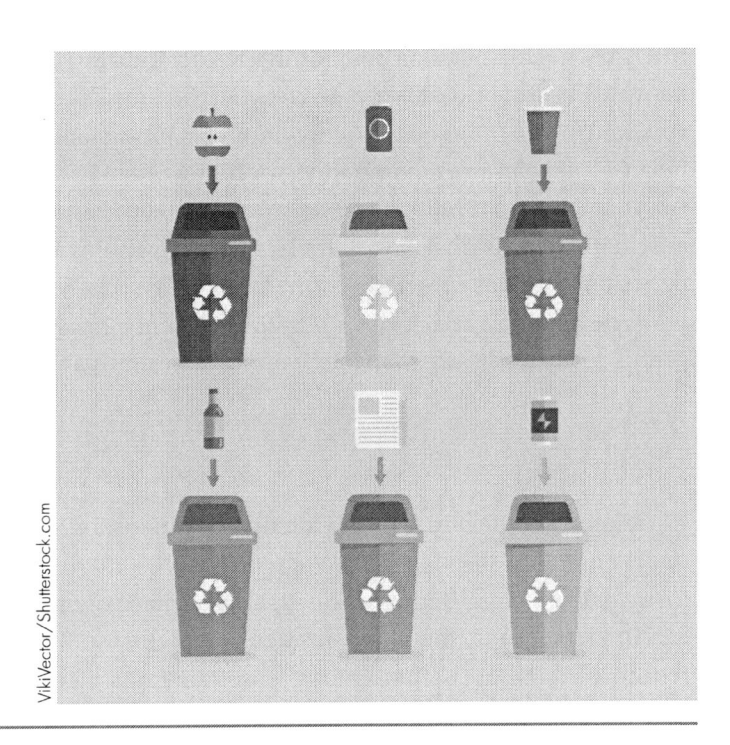

VikiVector/Shutterstock.com

A política nacional de resíduos sólidos prevê também que os fabricantes, importadores, distribuidores e comerciantes devem constituir uma rede logística de retorno para alguns produtos específicos como pneus, pilhas, lâmpadas fluorescentes, aerossóis etc.

7.2.3 Cooperativa de catadores

Em todo o mundo, com o advento da conscientização ambiental somado à necessidade humana de promover o autossustento por meio da remuneração gerada pelo trabalho, surgem as cooperativas de catadores de materiais recicláveis e reutilizáveis, que, por consequência, passaram a fazer parte da rede logística de retorno. Nesse contexto, na grande maioria das áreas urbanas brasileiras, foram criadas as cooperativas de catadores de reciclável e reutilizável que contribuem de forma expressiva para a implantação da política nacional de resíduos sólidos (PNRS), que resultou na criação de uma gestão mais integrada e profissional.

Em 2002, no Brasil, a profissão de catador de reciclável e reutilizável foi reconhecida e regulamentada pelo Ministério do Trabalho e Emprego (MTE), por meio da inclusão desta no cadastro de classificação brasileira de ocupações (CBO), sob o código nº 5192-05, o que proporcionou aos profissionais cooperados e registrados pela CLT a inclusão em programas sociais.

A Lei nº 11.445/2007, de 5 de janeiro de 2007, estabelece diretrizes para saneamento básico, as quais instruem os responsáveis dos serviços públicos de manejo de resíduos sólidos urbanos a contratarem as associações e as cooperativas de catadores de materiais recicláveis e reutilizáveis sem a necessidade de licitação, fortalecendo, assim, essas organizações e a cadeia produtiva da rede logística de retorno.

7.2.4 Sucatas

O mercado nacional dispõe de diversos tipos de materiais que, em determinado momento da vida útil e dependendo da maneira como foram aplicados, tornam-se sucatas. Dentre as diversidades citadas, encontram-se chapas de aço, cantoneiras, canos, metalons, ferragens em geral, polias, engrenagens, motores, redutores, tambores, contêineres, equipamentos elétricos, máquinas e equipamentos em geral.

A sucata oriunda de metais ferrosos faz parte da cadeia brasileira produtiva de aço. De acordo com o Instituto Nacional das Empresas de Sucatas de Ferro e Aço (Inesfa), aproximadamente 3 mil pequenas e médias empresas fazem parte do mercado que compra e vende resíduos sólidos ferrosos (sucata). E para fazer a movimentação logística dessa sucata, estima-se que, no ano de 2016, há uma frota de 15 mil caminhões sendo utilizados na coleta dos resíduos ferrosos no Brasil, com o envolvimento de, aproximadamente, 1,5 milhão de pessoas nas atividades diretas e indiretas, como coleta, seleção, armazenagem, preparação e distribuição.

Para a preparação dos resíduos sólidos ferrosos, faz-se necessária a utilização de alguns equipamentos específicos, como guindaste sucateiro, garras, guindastes fixos e guindastes pantográficos, conforme demonstra a Figura 7.2.

Figura 7.2
(A) guindaste sucateiro;
(B) detalhe de garra de guindaste;
(C) guindaste fixo;
(D) guindaste pantográfico.

> **AMPLIE SEUS CONHECIMENTOS**
>
> O empresário estadunidense Ray Anderson aumentou as vendas e duplicou seus lucros ao implantar uma eficiente política de sustentabilidade em sua empresa. Assista a uma de suas palestras em: <https://www.ted.com/talks/ray_anderson_on_the_business_logic_of_sustainability#t-2431>, acesso em: 14 mar. 2017. (É possível acionar as legendas em português do Brasil na aba "Subtitles".)

7.3 CICLO DE DURAÇÃO DAS EMBALAGENS E DOS PRODUTOS

Na área de marketing, o ciclo de duração de um produto é entendido como o estudo e acompanhamento da evolução do produto, desde a fase de idealização, criação, desenvolvimento, fabricação, embalagem, precificação, vendas, declínio e obsolescência. Mas, no contexto do estudo da rede logística de retorno, o ciclo de duração da embalagem e do produto inicia-se na fabricação e termina quando estes são descartados e selecionados para reúso, reciclagem ou aterro.

No Brasil, em 2015, a Associação Brasileira de Empresas de Limpeza Pública e Resíduos Especiais divulgou que, de 2003 a 2014, a geração de lixo aumentou de forma muito expressiva, alcançando patamares de 29%. Inúmeros são os fatores que provocaram esse crescimento, como aumento populacional, maior poder financeiro para consumo, vida útil do produto reduzida etc.

A mesma associação divulgou que em 2014 foram gerados em média 78,6 milhões de toneladas de resíduos sólidos no Brasil, dos quais menos da metade seguiu com destino aos aterros sanitários; já no ano de 2015, do total do lixo coletado, a destinação foi próxima de 60%.

7.3.1 Embalagens e produtos com maior potencial para reciclagem no Brasil

Com o avanço tecnológico nos dias atuais, tonaram-se muito mais fáceis a reciclagem e a transformação dos resíduos sólidos em matérias-primas para a fabricação de novos produtos. O gargalo ainda está na conscientização dos usuários quanto à necessidade de descarte de forma adequada após o uso, somado à falta de planejamento do fabricante quanto à rede logística de retorno das embalagens e dos produtos.

As informações dos órgãos oficiais responsáveis pela divulgação de dados sobre a quantidade de resíduos sólidos gerados pela população brasileira, o IBGE e o Instituto de Pesquisa Econômica Aplicada (Ipea), apresentam significativas discrepâncias, principalmente quando se comparam os domicílios urbanos com os rurais, talvez porque as metodologias aplicadas por eles sejam divergentes.

No Brasil, as embalagens e os produtos com maior potencial para reciclagem são derivados de alumínio, borracha, papelão, pet, plástico e vidro.

- **Alumínio**: o mais comum entre os recicláveis de metal, tem como itens principais a lata de cerveja e de refrigerante, que representam em média 64% do total. O restante são sucatas de produtos automotivos ou eletrônicos que também utilizam alumínio. Após o processo de reciclagem, o alumínio é transformado em nova matéria-prima que é utilizada na fabricação de novos produtos, tais como: peças decorativas em geral, peças para automóveis, latas e quadros de bicicleta.
- **Borracha**: entre os recicláveis de borracha aponta-se o pneu como o principal resíduo sólido, o qual é transformado em aditivo para asfalto utilizado nas pavimentações de vias públicas, solado de calçados e tapetes automotivos, entre outros.
- **Papelão**: caixas de papelão representam 80% dos resíduos de embalagens, os quais são processados e transformados em matéria-prima para a fabricação de sacos de papel, novas caixas de papelão, rolos de papel para embrulho,

divisórias sanfonadas amortecedoras de produtos frágeis. Essa categoria de resíduos recicláveis complementa-se com a reciclagem de jornais e revistas, listas telefônicas, papel-sulfite e cadernos. Nesse contexto, não servem para reciclagem papéis sanitários, papéis plastificados, papéis engordurados, etiquetas adesivas e papel-carbono, entre outros.

- **Pet**: há registros que apenas 15% das garrafas pet produzidas entram para o processo de reciclagem e transformação em nova matéria-prima. Mesmo assim, com o baixo índice de aproveitamento, são milhares de toneladas de matéria-prima que são transformadas em brinquedos, cordas, vassouras, enfeites, forração, garrafas e até paredes em construção de casas com conceito ecológico.
- **Plástico**: não há registro preciso da quantidade de plástico rígido que estão no processo de reciclagem, mas a matéria-prima gerada por esse tipo de plástico é utilizada para a fabricação de baldes, vasos, cabides, caixas e acessórios automotivos. Na categoria dos resíduos de plástico, não servem para reciclagem embalagens metalizadas (café e salgadinho), cabos de panela, bandejas plásticas e peças em acrílico, entre outros.
- **Vidro**: está entre os mais antigos dos materiais recicláveis, após processamento e transformações em matéria-prima, o mesmo é utilizado para a fabricação das novas embalagens de vidro, assim como para a produção de verniz e de isolante para piso de madeira, além de ser utilizado também na fabricação de bijuterias. Assim como os outros resíduos, na categoria dos vidros também há alguns que ainda não são passíveis de reciclagem, tais como espelhos, boxes temperados, louças, lentes de óculos, pratos, pirex, frontais de monitores e de televisão e para-brisas de automóveis, entre outros.

7.4 CATEGORIZAÇÕES DE LOGÍSTICA REVERSA DE ACORDO COM O CONSELHO DE GESTÃO LOGÍSTICA

Primariamente, a logística era considerada o setor responsável pela expedição de produtos ou pela contratação dos serviços das transportadoras. Entretanto, sua expansão e popularização em eficiência abriram portas para a visão de uma ferramenta de gestão, criando modelos que solucionariam problemas de distribuição e produção. Com essa mudança e desenvolvimento da gestão de distribuição, em 1962 fez-se necessária a criação de uma organização profissional líder em logística, denominada Conselho de Gestão Logística (CLM – Council of Logistic Management), composta por mais de 13 mil membros.

A partir daí, há uma expansão do papel da logística e a administração das empresas passa a ser planejada sob o enfoque da gestão dos fluxos. O CLM gera algumas categorizações, estudando as estruturas dos canais reversos e relacionamentos com predominância no estudo de produtos de pós-consumo, mas que nos permite entender algumas características específicas desses canais. A Tabela 7.1 nos permite analisar o programa ideal para cada tipo de produto, otimizando o tempo e minimizando os custos para a empresa.

Tabela 7.1 – Logística reversa e suas categorias

Categorias Da Cadeia Reversa	Principais Características
Tipos de cadeias reversas	*Recall*, reparos, redistribuição de estoques, reúso e reciclagem.
Direcionadores principais das cadeias reversas	Reaproveitamento de materiais com valor econômico, diferenciação em serviços, cumprimento de leis, redução de riscos ambientais, adaptação de projeto dos produtos para logística reversa.
Locais de coleta dos produtos	Fabricantes, distribuidores, *outlets* de varejo, varejo.
Tipo de legislações encontradas	Reciclagem obrigatória, proibição de disposição final, regulamentação comercial, conteúdo de reciclagem, rótulos ambientais, incentivos fiscais, compra de produtos com níveis de reciclagem.
Estrutura empresarial da distribuição reversa ou nível de integração da cadeia reversa	Ciclo fechado: o utilizador se ocupa da recuperação dos produtos e os utilizam para novos produtos. Ciclo aberto: o utilizador pode se ocupar da recuperação dos produtos, mas não os utilizam.
Prestadores de serviço na logística reversa	Especializados em coleta/consolidação de produtos de alto valor agregado; coletores de resíduos recicláveis; coleta e processamento de materiais; coletores e locadores de paletes e embalagens retornáveis. Utilizando a distribuição direta, serviços de *courier*, serviços especializados de reciclagem, serviços especializados de transporte.
Fases empresariais aos programas de reúso e reciclagem	Fase reativa: segue as leis, busca economias proativas; antecipa-se às legislações, vantagem competitiva. Busca de valor: integra atividade ambiental na estratégia empresarial.
Entidades ou agentes das cadeias reversas de pós-consumo	Coletores, sucateiros, processadores, remanufaturadores, recicladores.

Fonte: adaptado de COUNCIL of Logistic Management (CML), atual Council of Supply Chain Management Professionals (CSCMP). Disponível em: <https://cscmp.org/iMISO/CSCMP/>. Acesso em: 14 mar. 2017.

Para exemplificar (Figura 7.3), vamos supor que o produto de retorno seja um celular, ele se enquadraria na cadeia reversa de reparo, o local de origem do retorno seria o consumidor, o objetivo que justifica o retorno é legal e ecológico, o destino final pode ser revenda, reciclagem ou reparo, atividades que podem estar contidas em quaisquer dos agentes da cadeia, ou seja, fornecedor de matéria-prima, indústria, distribuidor ou varejista. Esse tipo de categorização é importante para ampliar a visão empresarial de custos logísticos, e análise de métodos de retorno e qualidade da prestação de serviços aos clientes. Essas análises possibilitam o levantamento de dados estatísticos que servem como ferramenta para análise e tomada de decisão.

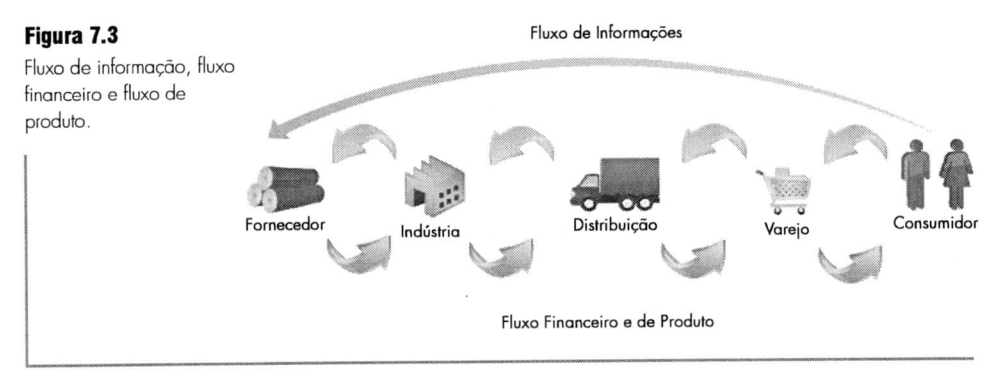

Figura 7.3
Fluxo de informação, fluxo financeiro e fluxo de produto.

Esquema elaborado pelos autores.

Conseguir enxergar o processo como um todo permite produzir e vender, de forma a evitar os retornos, o controle de entrada dos produtos retornados e o desenvolvimento de orientações de conduta para os produtos retornados.

7.5 GESTÃO DE RETORNO SCM (SUPPLY CHAIN MANAGEMENT)

O entendimento do conceito de Gestão de Retorno é de extrema importância para que as empresas possam analisar impactos ambientais, financeiros e de atendimento ao cliente. Segundo a Global Supply Chain Forum (GSCF, da Ohio State University), o SCM é a integração de processos-chave de negócio desde o consumidor final, passando por fornecedores que provêm produtos, serviços e informações que agregam valor aos clientes.

O modelo implantado deve dar a definição clara de que os retornos são a movimentação física dos produtos em direção à origem ou à parte da cadeia. O esforço para evitar esse retorno é a parte-chave do processo, que envolve a produção e as vendas, voltadas para a melhoria da qualidade dos produtos, melhores instruções de uso para o consumidor ou até de mudanças na forma de venda, promocional ou não.

O controle de entrada do retorno serve de limite do número de itens permitidos dentro do fluxo reverso, possibilitando o controle e a redução dos retornos, sem prejudicar o serviço ao cliente. A vantagem do controle é a redução dos custos ligados aos produtos retornados. Além disso, possibilita a seleção dos materiais antes de entrarem de fato no fluxo reverso, tornando-o gerenciável e eficiente.

Por fim, a Gestão de Retorno envolve também a orientação de triagem dos produtos retornados. Define o destino final do item podendo ser o retorno ao fornecedor, retrabalho, reciclagem, revenda ou aterramento. Visando à eficiência de atendimento e redução de custos, por meio da gestão, podemos categorizar os retornos para receber uma conduta específica. A maior parte dos retornos vem por parte do consumidor e ocorrem por causa de defeitos do produto ou desistência do comprador.

O retorno de mercadorias para o marketing reflete baixas vendas, problemas de qualidade, reposicionamento de estoque etc. O retorno de bens se dá para recapturar ou reposicionar o bem, como contêiner, por exemplo. *Recalls* de produtos são para segurança ou em função da qualidade. E os retornos ambientais incluem materiais perigosos e cumprimento de regulamentos ambientais. Podemos entender melhor as atividades designadas para cada situação de retorno conforme a Tabela 7.2:

Tabela 7.2 – Atividades e subprocessos estratégicos e operacionais do processo de gestão de retorno

Processo de Gestão do Retorno			
Processo Estratégico		Processo Operacional	
Subprocessos Estratégicos	Atividades Estratégicas	Subprocessos Operacionais	Atividades Operacionais
1. Determinar a estratégia e os objetivos da gestão do retorno.	– Determinar o papel do retorno na estratégia da empresa. – Determinar a melhor forma para recapturar o valor e recuperar os bens. – Rever questões de conformidade ambiental e legal. – Entender as capacitações e restrições da cadeia de suprimentos.	1. Receber o pedido de retorno do cliente.	– Iniciar o pedido de retorno colocado pelo cliente. – Implementar orientações sobre o controle das entradas.

Processo de Gestão do Retorno				
Processo Estratégico		Processo Operacional	
Subprocessos Estratégicos	Atividades Estratégicas	Subprocessos Operacionais	Atividades Operacionais
2. Desenvolver esforços para evitar retornos (*avoidance*), controles de entrada (*gatekeeping*) e diretrizes de conduta (*guidelines*).	– Determinar tipos de retornos com os quais a empresa pode lidar. – Estabelecer estrutura para identificar oportunidades de se evitar o retorno. – Desenvolver políticas de retorno e mecanismos de rastreabilidade. – Desenvolver opções de conduta.	2. Determinar a rota de retorno do produto.	– Rever orientações de rota. – Planejar a rota. – Gerar autorizações de retorno de material (RMAs, return material authorizations).
3. Desenvolver rede de retornos e opções de fluxo.	– Desenvolver rede de logística reversa. – Desenvolver modais de transporte e metodologias. – Estruturar planos para *recalls*.	3. Receber os retornos.	– Receber material retornado. – Verificar, inspecionar e processar o retorno (controle de entrada). – Determinar causa do retorno.
4. Desenvolver regras de crédito.	– Determinar como será avaliado o produto retornado. – Desenvolver orientação quanto à autorização de crédito. – Estabelecer políticas de crédito.	4. Selecionar a conduta.	– Aplicar orientações de conduta. – Transportar o produto para a disposição final.
5. Determinar mercados secundários.	– Encontrar e examinar potenciais mercados secundários. – Determinar regras para uso de mercados secundários. – Desenvolver estratégias de remanufatura/ recondicionamento.	5. Creditar o cliente/ fornecedor.	– Negociar autorização de crédito ao longo da cadeia de suprimentos. – Negociar saldo/ abatimento.

Processo de Gestão do Retorno			
Processo Estratégico		Processo Operacional	
Subprocessos Estratégicos	Atividades Estratégicas	Subprocessos Operacionais	Atividades Operacionais
6. Desenvolver estrutura de métricas.	– Ligar o desempenho do retorno ao EVA. – Determinar métricas apropriadas e estabelecer objetivos.	6. Analisar os retornos e medir o desempenho.	– Analisar os retornos e identificar oportunidades para evitá-los. – Calcular métricas do processo e ligar ao EVA. – Estabelecer objetivos para a melhoria do desempenho.

Fonte: ROGERS, D. S. et al. The Returns Management Process. *International Journal of Logistics Management*, v. 13, n. 2, 2002.

Uma vez conhecidas as atividades que contemplam cada situação de retorno, fica mais fácil planejar e fazer a gestão de cada uma delas. No Capítulo 8 vamos nos aprofundar um pouco mais no assunto para entender melhor os principais motivos que causam o retorno dos produtos.

O QUE VIMOS NESTE CAPÍTULO

Ao longo desse capítulo, entendemos as formas de categorização da logística reversa, que norteiam as empresas na visão de autossustentação por intermédio dos seguintes temas:

- Como funciona o ciclo da logística reversa dentro das empresas e quais são os principais agentes que compõem esse ciclo.
- Qual o ciclo de duração das embalagens e produtos, levando em consideração estudos da Associação Brasileira de Empresas de Limpeza Pública e Resíduos Especiais.
- A expansão da logística como ferramenta de gestão para solucionar problemas de distribuição e produção, que gerou categorias para estruturar os canais reversos e de relacionamento, possibilitando a análise do programa ideal para cada tipo de produto.
- Controle de entrada de retorno para não prejudicar o serviço ao cliente, reduzindo os custos ligados aos produtos retornados; orientação de triagem dos produtos retornados.

QUESTÕES PARA REFLEXÃO

1. Com o advento da legislação específica para descarte adequado de resíduos, foram surgindo empresas especializadas em fazer reciclagem e reprocessamento, transformando-os em nova matéria-prima, assim inicia-se o ciclo da logística reversa. Comente sobre as vantagens e desvantagens desse novo ciclo para as indústrias e os cidadãos.

2. Comente sobre a diferenciação entre resíduos sólidos e orgânico.

3. Entre os resíduos sólidos, vale destacar que há uma classe considerada como perigosa, pois são formados por compostos químicos tóxicos que, sendo descartados de forma inadequada, podem causar contaminação do solo e da água. Pesquise e comente sobre quais fontes geram esses resíduos e o que fazem para mitigar as consequências.

4. A política nacional de resíduos sólidos prevê que os fabricantes, importadores, distribuidores e comerciantes devem constituir uma rede logística de retorno para que alguns produtos específicos, como pneus, pilhas, lâmpadas fluorescentes e aerossóis entre outros, tenham a destinação correta. Qual seria essa destinação?

5. No contexto socioambiental, qual a importância e contribuição das cooperativas de catadores de materiais recicláveis e reutilizáveis?

6. Quais as características encontradas nas sucatas que as diferenciam dos outros resíduos sólidos?

7. Com o avanço tecnológico, nos dias atuais, tornou-se muito mais fácil a reciclagem e a transformação dos resíduos sólidos em matérias-primas para fabricação de novos produtos, mas ainda se identificam alguns gargalos que impedem que esse processo ocorra mais rapidamente. Cite e comente um desses gargalos.

8. Comente sobre as embalagens e os produtos que são mais reciclados no Brasil.

9. Comente sobre as principais características das categorias da cadeia reversa de produtos.

10. O controle de entrada do retorno serve como limite do número de itens permitidos dentro do fluxo reverso, possibilitando o controle e a redução dos retornos, sem prejudicar o serviço ao cliente. Qual a vantagem desse controle e de que forma ele é percebido?

Capítulo 8

PRINCIPAIS MOTIVOS DE RETORNO DE PRODUTOS

8.1 INTRODUÇÃO

Como vimos no Capítulo 2, o conceito de logística de refluxo ou de retorno é bem atual e tem sido citado com frequência em livros e artigos, em virtude de sua aplicabilidade nos diversos segmentos de mercado, pois há inúmeros motivos para o retorno da mercadoria, sendo procedimentos constantes dentro das empresas.

Segundo Dornier et al. (2000:39), a logística é a gestão de fluxos entre funções de negócio. A definição atual de logística engloba maior amplitude de fluxos que no passado. Tradicionalmente, as companhias incluíam a simples entrada de matérias-primas ou o fluxo de saída de produtos acabados em sua definição de logística. Hoje, no entanto, essa definição expandiu-se e inclui todas as formas de movimentos de produtos e informações.

No mesmo contexto, Bowersox e Closs (2001) apresentam a ideia de "apoio ao ciclo de vida" considerando, além do fluxo direto dos materiais, a necessidade dos fluxos reversos de produtos em geral, referindo-se ao prolongamento da logística.

Dessa forma, de maneira geral e resumida, a logística reversa, ou de retorno, pode ser conceituada, como já citamos em capítulos anteriores, como a movimentação do produto da destinação final para o início do ciclo ou para a disposição adequada. Nesse capítulo, estudaremos os principais motivos que geram esse processo de retorno.

8.2 ÁREAS DE ATUAÇÃO E ETAPAS REVERSAS

Para iniciarmos a análise do fluxo reverso e falarmos a respeito dos motivos que causam os retornos dos produtos, vamos entender o refluxo dos bens, em que após a aquisição dos mesmos, a rede logística de retorno (RLR) fica atenta às métricas para iniciar duas fases distintas, que podem ser acionadas concomitantemente, conforme demonstrado na Figura 8.1.

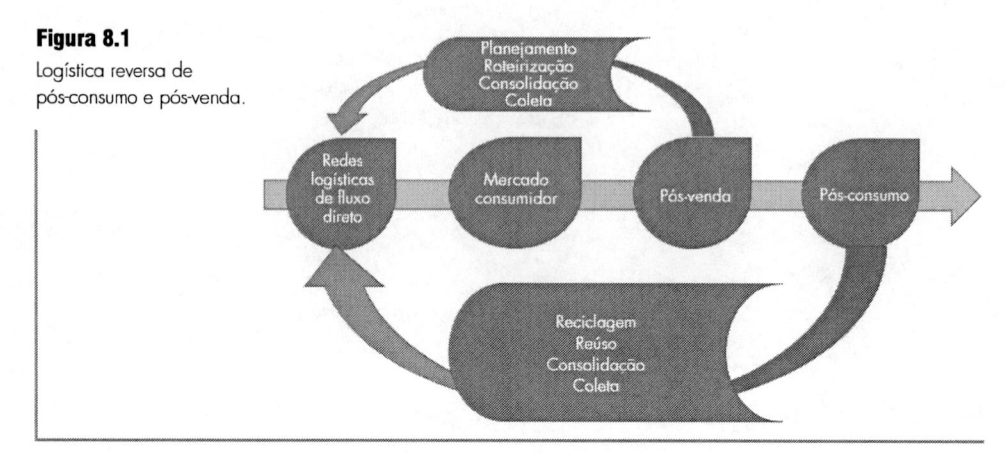

Figura 8.1
Logística reversa de pós-consumo e pós-venda.

Esquema elaborado pelos autores.

O ciclo de vida de um produto não se encerra necessariamente com sua entrega ao cliente. Esses produtos são consumidos, tornam-se obsoletos, danificam-se ou estragam e, a partir daí, é que recebem o seu devido destino. Essas duas áreas que veremos a seguir são diferenciais pelo ciclo de vida do produto retornado e, embora interdependentes, são estudadas de forma distinta, pois o produto logístico, os canais de distribuição, os objetivos estratégicos e as técnicas operacionais costumam ser diferentes para cada uma.

A logística de retorno, necessária ao processo do pós-venda pode ser caracterizada como uma área específica de atuação que cuida da avaliação e operacionalização do fluxo físico dos bens e das informações geradas pela rede, com pouco ou nenhum uso que apresentam problemas de responsabilidade do fabricante ou do distribuidor, ou ainda por insatisfação do consumidor com os produtos, que retornam a cadeia de distribuição e se constituem de uma parte dos canais reversos do fluxo.

A RLR só faz sentido em vigorar se agregar valor ao bem adquirido quando o mesmo necessita ser devolvido independentemente do motivo, seja por entrega de um bem do modelo e preço que não corresponde ao que foi pedido, seja pelo arrependimento da compra, defeito ou falha dentro do prazo de garantia dada pelo fabricante, defeitos ou falhas de funcionamento no ato do recebimento e avarias no transporte. De toda forma, é necessária pelo menos a ocorrência de um dos motivos citados para que a eficiência da RLR do fabricante ou distribuidor seja percebida pelos agentes envolvidos.

Para exemplificar, imagine a compra de um celular cujo fabricante forneça garantia de um ano e o cliente não adquiriu a garantia estendida (muito comumente oferecida pelos varejistas). Após um mês de uso, o aparelho começa a apresentar defeitos. Nesse caso, dependendo do fabricante, a orientação no manual é que o cliente deve procurar uma loja de assistência da rede autorizada para que a mesma remeta o aparelho ao fabricante para um diagnóstico prévio. Assim, constatado o defeito de fabricação, um novo aparelho é remetido ao cliente. Esse processo narrado, por meio do qual foram necessárias várias transferências de posse de um mesmo bem, é um exemplo típico da necessidade de uma RLR de pós-venda.

Por outro lado, a RLR do pós-consumo, também se caracteriza pela operacionalização do fluxo físico e das informações logísticas permitindo que o mesmo possa ser rastreado, mas, nesse caso, trata-se de resíduos urbanos que retornam ao ciclo produtivo por meio de canais específicos.

Diferentemente do processo de pós-venda, os produtos de pós-consumo normalmente têm origem, em sua grande maioria, em embalagens descartáveis ou de reúso, assim como nas carcaças de bens cujo tempo para elas se tornarem obsoletas é muito rápido, seja por novas tecnologias, seja por desuso. Nessas condições, tais bens se utilizam de canais de retorno ou refluxo até a destinação final, seja ele um desmanche, seja uma unidade de reciclagem.

Nesse contexto, o fluxo da rede de logística de retorno, representado na Figura 8.2, dá uma noção clara de que o foco de todo o processo é o cliente e evidencia as inter-relações.

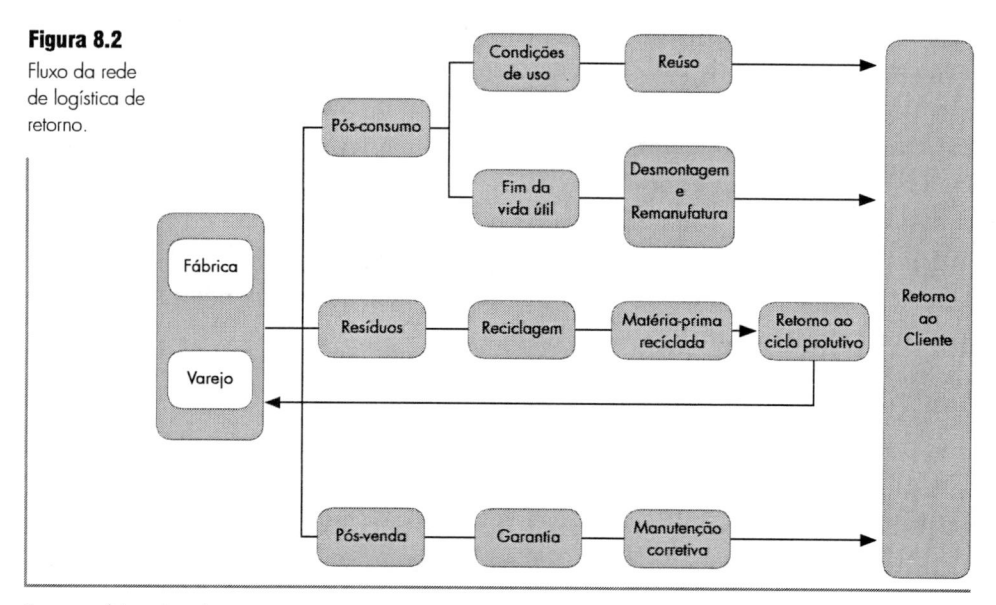

Figura 8.2
Fluxo da rede de logística de retorno.

Esquema elaborado pelos autores.

8.3 REDE LOGÍSTICA DE RETORNO DE PÓS-VENDA

Vamos relembrar e ratificar o conceito de rede logística de retorno (RLR) de pós-venda, que é considerado um processo de gerenciamento e operacionalização do fluxo físico e das informações logísticas relacionadas ao bem, usado ou não, mas já em posse do cliente, que tenha apresentado defeito e necessita ser devolvido.

A devolução de um bem pode ocorrer por vários motivos, como estoques excessivos nos distribuidores, vencimento da validade, estoque em consignação, defeitos de fabricação, enfim, independentemente de qual seja a ocorrência, o fato é que o retorno do produto ao início da cadeia de suprimentos é inevitável.

Nesse contexto, pode-se afirmar que a iniciação do fluxo de pós-venda ocorre quando o cliente-usuário remete o produto de volta para o varejista ou fabricante, fomentando a rede logística de retorno. Esse processo de retorno tem chamado muito a atenção, pois, além de ser desonroso para os fabricantes, tem denegrido a imagem das empresas, causando impactos diretamente no volume de vendas dos produtos. Quando se faz necessária a ativação da RLR do pós-venda, tal procedimento deve ser feito de forma a causar o menor nível de transtorno possível ao cliente, pois este já foi prejudicado por ter que devolver o produto adquirido.

Quando se fala em cliente na RLR do pós-venda, não há que se pensar apenas no consumidor final, pois, nesse fluxo se encontram também varejistas, atacadistas e centros de distribuição.

Fabricantes, centros de distribuição e atacadistas, via de regra, costumam firmar acordos comerciais, pré-definindo e determinando em que condições são possíveis a aceitação do ingresso de um produto à RLR, pois tal refluxo é muito extenuante para as partes envolvidas. Esse refluxo, muitas vezes, se dá por necessidade de manutenção do estoque em excesso, utilização do direito de garantia à substituição de componentes danificados ou até mesmo à substituição de produtos com modelos antigos por novos.

Nos retornos não contratuais há devolução por determinado erro do fornecedor em vendas diretas, como, por exemplo, *e-commerce*, erros de expedição ou também por reclamações do consumidor final em relação a qual tempo útil do produto devem ser substituídos.

Na devolução por Garantia/Qualidade, os produtos apresentam defeitos de fabricação ou funcionamento, avarias no produto ou na embalagem etc. Esses produtos poderão ser consertados ou reformados, de forma a retornar ao mercado primário ou a mercados secundários, agregando-lhes valor comercial novamente.

Até agora discorremos sobre a RLR do pós-venda apenas sob o aspecto da estratégia empresarial que prima por atender bem seu cliente, preservar a imagem da organização e incorrer nos menores custos possíveis para suprir as necessidades que o processo de refluxo exige.

A partir desse ponto, vamos tratar da necessidade de uma RLR de pós-venda, sob o que preceitua a Lei nº 8.078, de 11 de setembro de 1990, que regula a relação entre fornecedores e consumidores de bens e serviços, por intermédio do Código de Defesa do Consumidor (CDC).

A seguir estão transcritos os direitos do cliente, que foram extraídos do CDC e do Instituto Brasileiro de Defesa do Consumidor (Idec), sobre alguns casos específicos, os quais deixam claro que, além da estratégia empresarial, os fabricantes, atacadistas e varejistas têm de dar atenção especial à RLR do pós-venda.

Problemas após a compra do produto

Defeito

Qualquer problema que torne o produto inadequado ao uso ou que diminua seu valor é considerado um defeito. Incluem-se nessa relação desde produtos com validade vencida até os deteriorados, alterados, adulterados, avariados, falsificados, corrompidos, fraudados, nocivos à vida ou à saúde, perigosos ou aqueles em desacordo com as normas regulamentares de fabricação, distribuição ou apresentação. Após ser comunicado do problema, o fornecedor terá 30 dias para sanar o defeito. Caso contrário, o consumidor poderá escolher entre a substituição do produto por outro da mesma espécie, em perfeitas condições de uso; a restituição imediata da quantia paga, monetariamente atualizada, sem prejuízo de eventuais perdas e danos; e o abatimento proporcional do preço (artigos 18, 19, 20, 23 e 26 do CDC).

Substituição imediata do produto

O consumidor poderá exigir a substituição imediata do produto com defeito de fabricação, sem ter que esperar os 30 dias para seu conserto, quando a troca das partes defeituosas comprometer a qualidade ou as características do objeto, diminuindo seu valor, ou quando se tratar de produto essencial. Apesar de o CDC não definir o que é produto essencial, entendem-se que sejam aqueles indispensáveis à vida do consumidor, como medicamentos e alimentos. Certos bens de grande utilidade também vêm sendo considerados essenciais, caso de fogões, geladeiras e celulares (artigo 18, § 3º do CDC).

Troca sem defeito

O CDC não obriga o fornecedor a trocar os produtos que não apresentem defeitos. Para garantir uma eventual troca de produto sem defeito, o consumidor deve solicitar esse compromisso por escrito na nota fiscal, por exemplo. Importante: ao efetuar a compra fora do estabelecimento comercial, o consumidor terá um prazo de reflexão de sete dias. Durante esse período é possível que ele desista da compra, obtendo a restituição do valor pago (artigos 30 e 35 do CDC).

[...]

Recall

Se após a colocação do produto no mercado for verificada a existência de periculosidade ou nocividade em seu uso, o fornecedor tem o dever de comunicar o fato às autoridades competentes e a todos os consumidores adquirentes deste produto. É o chamado *recall*. Dependendo do problema, é possível reparar ou substituir o produto – com a troca de uma peça, por exemplo – sem qualquer ônus ao consumidor. Caso o defeito apontado tenha gerado um acidente, o consumidor pode solicitar, na Justiça, reparação por danos morais e patrimoniais sofridos (artigo 10, § 1º, § 2º e § 3º da Portaria nº 789/2001 do Ministério da Justiça; Portaria Conjunta nº 69 do Departamento Nacional de Trânsito (Denatran) e da Secretaria de Direito Econômico do Ministério da Justiça).

Fonte: Instituto Brasileiro de Defesa do Consumidor (Idec). Produtos: faça valer seus direitos na hora da compra e no pós-venda!. São Paulo, [s/d].

A classificação 'em condições de uso' refere-se ao bem durável ou semidurável que apresenta interesse de reutilização, sendo sua vida útil estendida, o que faz com que o bem adentre no canal reverso de reúso em mercado de segunda mão.

Por fim, resumem-se, na Figura 8.3, os motivos mais recorrentes que levam à ativação da RLR de pós-venda.

8.3.1 Produtos logísticos de pós-venda

Imagine os bens com pouco uso ou sem uso nenhum sendo devolvidos pelas diversas razões citadas anteriormente, independentemente de ser de natureza durável, semidurável ou descartável. Essa redução de ciclo de vida e tendência de descarte acabam por afetar diretamente o giro de estoque.

Nesse sentido, o tempo de retorno torna-se um fator de atenção no planejamento da logística, até mesmo pela rápida mudança de produtos no mercado, que os tornam ultrapassados exigindo ações por parte das empresas na liberação do estoque e no controle do retorno dos produtos.

Figura 8.3
Motivos de retorno de produtos na RLR de pós-venda.

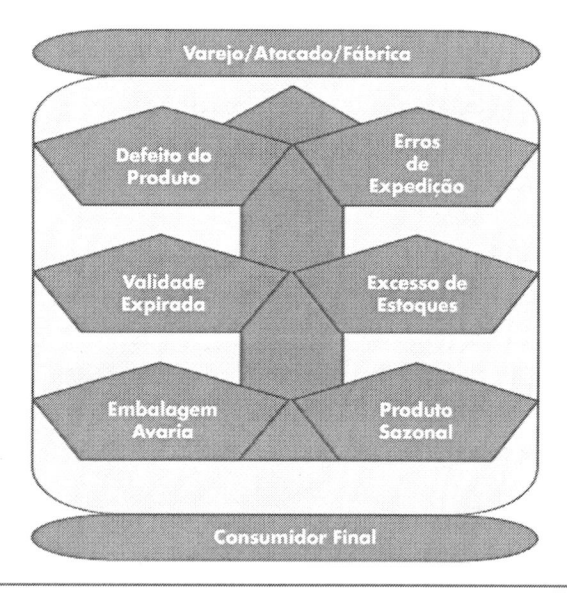

- Varejo/Atacado/Fábrica
- Defeito do Produto
- Erros de Expedição
- Validade Expirada
- Excesso de Estoques
- Embalagem Avaria
- Produto Sazonal
- Consumidor Final

Esquema elaborado pelos autores.

A quantidade de produtos que retornam se altera de acordo com suas características. Se levarmos em consideração, por exemplo, uma pesquisa empreendida nos Estados Unidos, observa-se que o setor editorial de revistas e livros é o que possui maior percentual de refluxo, girando em torno dos 50%; e o de peças automotivas, o menor, oscilando entre 4% e 6%.

Assim, para que o processo de logística de retorno seja efetivo, é necessário elencar todas as possibilidades de coleta dos produtos, direcionando-os para os diferentes elos da cadeia de distribuição, dependendo de cada caso.

Para melhor compreender o tema, vamos trabalhar com um exemplo atual de canal de distribuição, o *e-commerce*. Com a crescente alta de negócios concretizados por meio do comércio eletrônico, é natural que haja exemplos de RLR de pós-venda em seu meio. Suas características são bem parecidas com o comércio de vendas por catálogo e pertence ao setor denominado "canal direto de vendas".

Estudos mostram que o nível de devolução por não conformidade às expectativas do consumidor oscilam de 25% a 30% em relação ao total de vendas. Em razão desse elevado índice de devolução de pós-venda, houve um aumento no empenho das empresas desse setor para estabelecer suas RLRs com a mesma qualidade da distribuição direta, pois, por não ter contato direto com o cliente, e sua satisfação ser baseada na entrega do produto, num caso de devolução, a empresa pode comprometer seus resultados ou suas relações com os elos da cadeia.

8.3.2 Revalorização dos bens pós-venda

Quando falamos de RLR de bens de pós-venda, precisamos examinar o melhor destino a um canal reverso levando em consideração o retorno monetário.

Veremos a seguir, as possibilidades recorrentes de valorização.

Revenda no mercado primário: quando o retorno de produtos é pelo excesso de estoque ou por algum motivo meramente comercial, que conserva as características originais do produto, pode-se alcançar com ele os mesmos valores originais do mercado. Um exemplo é o setor têxtil, de confecções e calçados, que tem grande movimentação nesse sentido e, por ser um setor de bens duráveis, é possível a recuperação do valor.

Venda no mercado secundário: o exemplo mais comum, nesse caso, é também o setor têxtil, confecções e calçados. No final de cada estação, os varejistas acabam devolvendo seu estoque, para abastecê-los com a tendência da nova estação. Para não perder a mercadoria, o que se faz é o retorno da mercadoria para revenda em *outlets*, lojas especializadas de preços menores, lojas de ponta de estoque etc.

Desmanche, remanufatura, reciclagem industrial e disposição final: como se trata de bens no fim de seu tempo útil, a tentativa de recuperação do valor é basicamente daqueles bens que por meio de reúso ainda podem ser vendidos no mercado de segunda mão. Se pensarmos no desmanche, a reutilização de peças para outros bens também é uma opção; e, na reciclagem industrial, os materiais constituintes podem ser recuperados para o mercado de materiais secundários.

8.4 LOGÍSTICA DE RETORNO DE PÓS-CONSUMO

A Logística de Retorno de pós-consumo caracteriza-se por planejamento, identificação e operacionalização da movimentação física da quantidade de resíduos sólidos urbanos, gerados e descartados após o consumo de toda uma sociedade. Esse processo envolve a separação e a classificação dos resíduos que vão alimentar um novo ciclo de produção dando origem a novos e específicos canais de distribuição.

Figura 8.4
Principais fatores para a logística reversa pós-consumo.

Retorno ao Ciclo Produtivo

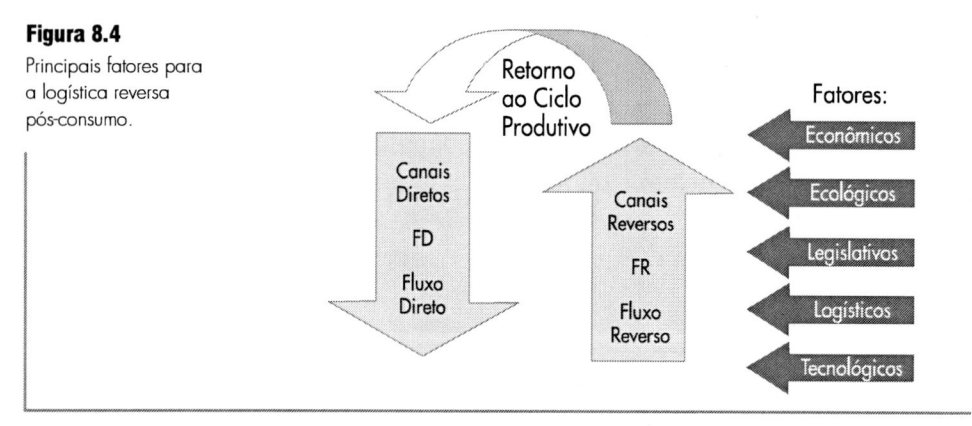

Canais Diretos
FD
Fluxo Direto

Canais Reversos
FR
Fluxo Reverso

Fatores:
Econômicos
Ecológicos
Legislativos
Logísticos
Tecnológicos

Fonte: LEITE, 2003.

Bens de pós-consumo podem ser definidos como bens em fins de tempo útil ou usados com a possibilidade de reutilização, ou seja, sua utilização ainda não foi totalmente exaurida, pois o produto conserva ainda certo valor comercial. Esse acontecimento natural nos leva a crer que qualquer bem ou produto, que passou por um processo produtivo, vai passar também, em algum momento, pelo estágio de pós-consumo. Assim sendo, há que se estabelecerem políticas organizacionais para que, ao se chegar ao momento de descarte do bem, uma rede logística de retorno de pós-consumo esteja atuante para conduzi-lo ao fluxo do reúso ou da reciclagem, conforme sua especificidade.

Sendo assim, na mesma linha de raciocínio, com uma RLR de pós-consumo estruturada com antecedência, de forma planejada e dimensionada, para atender ao fluxo da necessidade emergente, poderá agregar valor aos resíduos que virão a ser destinados ao reúso ou ao processo de reciclagem, o que beneficia radicalmente o meio ambiente.

Como já vimos em capítulos anteriores, há diversos meios de recuperação e de agregar valor econômico e ambiental aos bens de pós-consumo, como reúso, reciclagem de materiais e incineração. Assim, podemos concluir que fazem-se necessários planejamento, identificação e operacionalização dos processos específicos, além do controle do refluxo dos resíduos originados pelo pós-consumo.

Na classificação "fim de vida útil", a logística de retorno poderá atuar em duas áreas, dos bens duráveis ou dos descartáveis. Sendo que, na área de atuação dos duráveis ou semiduráveis, os bens entrarão no fluxo de retorno ou refluxo, já na fase de desmonte, para a seleção e o reaproveitamento dos componentes que vão poder ser remanufaturados e voltar para o mercado consumidor. E os descartáveis, que são constituídos por resíduos reaproveitáveis e transformados em matérias-primas, que podem voltar ao processo produtivo. Não sendo possível a reciclagem, tais resíduos são destinados a aterros sanitários, lixões e incineração com recuperação energética.

A Figura 8.5 exibe um exemplo de eletrodoméstico que perdeu sua característica básica de funcionamento e retornou ao ciclo produtivo de alguma forma.

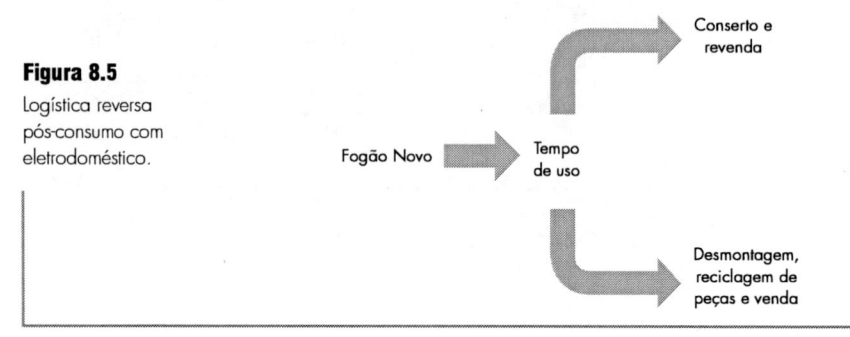

Figura 8.5
Logística reversa pós-consumo com eletrodoméstico.

Fogão Novo → Tempo de uso → Conserto e revenda / Desmontagem, reciclagem de peças e venda

Esquema elaborado pelos autores.

Podemos considerar que, com o avanço tecnológico, os consumidores tiveram um melhor atendimento às suas necessidades. A maior quantidade de oferta de novos produtos fez com que se reduzissem os preços, mas é notório que se reduziu também seu tempo útil, o que vem ocasionando aumento na quantidade de resíduos sólidos descartáveis, principalmente nos grandes centros urbanos em todos os países. Assim, as organizações e os governos já entenderam e estão agindo para a implantação de uma política ordenada e integrada que dá o devido tratamento ao lixo urbano. Contudo, fica cada vez mais evidente a necessidade de uma RLR de pós-consumo muito bem estruturada, com normas e procedimentos, para fazer toda a movimentação de resíduos necessária.

É importante entender que não necessariamente o bem de pós-consumo precisa retornar à cadeia de origem ou a uma parte intermediária. Eles podem ser enviados também como matéria-prima secundária. Nesse sentido, é importante destacar que uma organização poderá ter motivações e formas diferentes de utilização da RLR de pós-venda, a exemplo de uma conceituada fábrica de impressoras e cartuchos de tinta, que, no Brasil, promoveu a venda de milhares de equipamentos novos aceitando como parte de pagamento modelos antigos, por meio dos quais a organização reaproveitou os componentes e reciclou o que não foi possível para o reúso.

8.4.1 Ciclos reversos de pós-consumo abertos e fechados

Diante de tudo o que foi trabalhado nos capítulos e tópicos anteriores, temos ciência que uma parcela dos bens de pós-consumo, em algum momento, deverá ser reintegrada ao ciclo do processo produtivo e vai fluir pelas redes de logística de retorno rumo às várias formas de reciclagem, objetivando não só contribuir para as questões ambientais, mas também para sua revalorização.

A reciclagem faz com que os resíduos sólidos, que fizeram parte do processo, saiam dele revalorizados, pois são transformados em matérias-primas que podem reintegrar o processo produtivo de bens similares ao que deu origem ao que foi reciclado ou até mesmo em outro de aplicações bem diferentes. Nesse contexto, para um melhor entendimento pode-se dividir o ciclo da trajetória do processo de reciclagem em dois: o aberto e o fechado, conforme demonstrado na Figura 8.6.

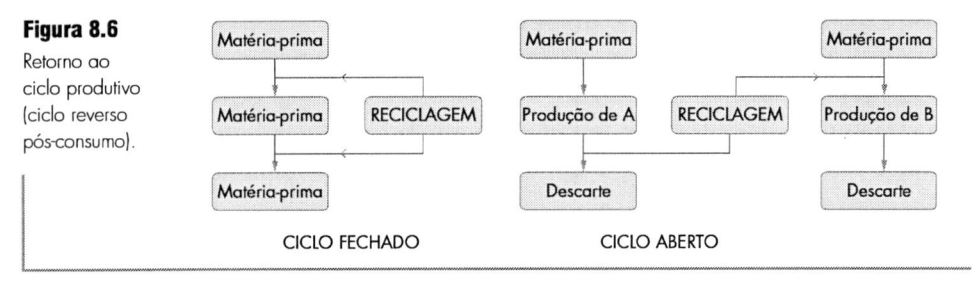

Figura 8.6
Retorno ao ciclo produtivo (ciclo reverso pós-consumo).

Matéria-prima		Matéria-prima		Matéria-prima
Matéria-prima	RECICLAGEM	Produção de A	RECICLAGEM	Produção de B
Matéria-prima		Descarte		Descarte
CICLO FECHADO		CICLO ABERTO		

Fonte: ALMEIDA, C. M. V. B. de; GIANNETTI, B. F. *Ecologia industrial*: conceitos, ferramentas e aplicações. São Paulo: Edgard Blücher, 2006. p. 10.

A logística de retorno dos resíduos que fazem parte do ciclo aberto é composta por várias etapas de retorno, quase compondo um ciclo virtuoso, dos materiais que compõem os produtos pós-consumo, e que serão retirados de diversos produtos visando novamente a sua reintegração ao ciclo de produção, podendo substituir matérias-primas novas na elaboração de produtos diferentes daqueles dos quais inicialmente foram extraídos.

Já a logística de retorno dos resíduos integrante do ciclo fechado é composta das diversas etapas de retorno dos materiais que compõem os produtos pós-consumo, a exemplo dos resíduos sólidos de alumínio, aço e cobre, dos quais, por meio de processamentos específicos, são extraídos os insumos que os compõem para serem reintegrados no processo de fabricação de um produto similar ao original.

8.4.2 Visão econômica nos canais de retorno de pós-consumo

Assim como visto nos canais reversos de pós-venda, os de pós-consumo também têm a motivação de obter resultados financeiros a partir do retorno dos produtos. O resultado aparece de diversas formas às quais iremos explorar ao longo deste tópico, como por exemplo, o proveniente do reaproveitamento de matérias-primas secundárias.

Economias obtidas com o diferencial de preços entre as matérias primas primárias e secundárias: os preços menores em razão da utilização de matérias-primas secundárias ou recicladas, redução do consumo de energia pelo processo diferenciado de produção e valor diferenciado no investimento para obtenção do produto, traz rentabilidades satisfatórias nas etapas dos canais reversos.

Economia obtida com a redução no consumo de insumos: a utilização de matéria-prima reciclada ajuda na economia de uma série de fatores, como energia elétrica, os componentes que entram na composição da matéria-prima virgem e até mesmo a quantidade de matéria-prima utilizada para a fabricação do produto. Essas pequenas economias ajudam a reduzir o custo de depreciação dos bens, se somadas às devidas diferenças de investimento entre fábricas que produzem com matérias-primas primárias e as de produção com matéria-prima secundária.

O QUE VIMOS NESTE CAPÍTULO

Como o próprio título do capítulo indica, estudamos os motivos principais de retorno dos produtos onde foi possível, por meio dos tópicos abaixo citados, para tirarmos nossas conclusões a respeito da forma de movimentação do produto da destinação final para início de seu ciclo.

- Analisamos as áreas de atuação e etapas reversas, por meio das quais entendemos que o ciclo de vida de um produto não se encerra necessariamente com sua entrega ao cliente, mas, ao se tornarem obsoletos, ou se danificarem ou se estragarem, podem receber um outro destino.
- Entendemos que o retorno dos produtos só faz sentido se agregar algum valor ao bem, independentemente do seu motivo de retorno.
- Aprendemos sobre a diferença entre a logística de retorno de pós-venda e de pós-consumo e quais as vantagens de sua implementação.
- Tivemos uma visão geral econômica em ambos os canais, por meio dos quais percebemos que a motivação dos empresários é obter resultados financeiros a partir do retorno dos produtos.

QUESTÕES PARA REFLEXÃO

1. Quais motivos levam um determinado produto já em poder do cliente a voltar para o início da cadeia de produção?

2. O ciclo de vida de um produto não se encerra necessariamente com sua entrega ao cliente. Esses produtos são consumidos, tornam-se obsoletos, danificam-se ou se estragam e, a partir daí, recebem seu devido destino. Comente sobre o fluxo da destinação dada a esses produtos e exemplifique.

3. Podemos considerar que, com o avanço tecnológico, os consumidores tiveram um melhor atendimento às suas necessidades. Comente sobre as melhorias de atendimento citadas nessa afirmativa.

4. A reciclagem faz com que os resíduos sólidos que fizeram parte do processo saiam dele revalorizados, pois são transformados em matérias-primas que podem reintegrar o processo produtivo de bens similares ao que deu origem ao que foi reciclado ou até mesmo em outro de aplicações bem diferentes. Nesse contexto, como são divididos os ciclos da trajetória do processo de reciclagem? Comente sua resposta.

5. Quando se fala em cliente na RLR do pós-venda, não há que se pensar apenas no consumidor final. Assim sendo, quais agentes fazem parte dessa rede?

Capítulo 9

LOGÍSTICA GLOBALIZADA

9.1 INTRODUÇÃO

Ao tomar a decisão de ingressar nos negócios internacionais, a empresa deve iniciar os estudos de importação e exportação analisando importantes elementos, a saber: estudo de viabilidade, operacionalidade e custos. Dessa forma, a empresa será capaz de identificar as possibilidades de existirem serviços adequados exigidos pela mercadoria, no país exportador e no importador, saberá quais os meios de transporte mais adequados para os produtos e, por fim, se a negociação vale ou não a pena para ambas as partes.

Em função do constante crescimento do comércio internacional, torna-se visível o aumento das atividades logísticas internacionais. Portanto, nos tópicos a seguir estudaremos a necessidade de as empresas conhecerem e se adaptarem à maneira de interferência de diversos fatores na logística internacional e qual a importância na gestão de suprimentos e distribuição global.

9.2 LOGÍSTICA E SEUS CONCEITOS INTERNACIONAIS

As empresas globais, hoje, vêm ganhando cada vez mais espaço no mercado por reavaliar seu foco e passar a terceirizar em nível internacional. A logística global tem como objetivo ampliar o mercado e ao mesmo tempo reduzir custos, o que a faz apresentar diversos desafios, como, por exemplo, a adequação ao novo local de atuação e à logística de gerenciamento das cadeias de suprimentos globais.

O ambiente externo de atuação exige uma adaptação aos fatores que podem influenciar na logística. O transporte internacional é um dos pontos a considerar, pois sua escolha afeta o tempo de trânsito da mercadoria de um local para outro.

Outro exemplo é o manuseio das cargas em terminais portuários, aeroportuários ou pontos de fronteira também deve ser analisado, pois o manuseio das cargas nesses pontos é de custo elevado de tempo e dinheiro, por isso é necessário fazer a escolha correta do local.

Por fim, podemos citar também os procedimentos aduaneiros que variam dependendo do tipo de produto que se está exportando ou importando. Por isso, é importante atentar-se à legislação aduaneira própria para manter a regularidade do fluxo de materiais no âmbito internacional.

No ambiente interno da empresa também é necessário atentar-se às complexidades envolvidas na logística, sendo a questão do estoque a mais importante. Sua administração em razão das grandes distâncias, seus custos de movimentação, entrada e saída em diferentes países, além de taxas de câmbio, juros e custos de transportes internos precisam ser levados em consideração, assim como os processos atípicos de importação.

No Brasil, é o Decreto nº 6.759, de 5 de fevereiro de 2009, que fala a respeito da administração das atividades aduaneiras e fiscalização, controle e tributação das operações de comércio exterior. Os processos atípicos regulam as situações especiais no comércio de importação e exportação no país, trazendo vantagens operacionais e financeiras.

9.2.1 Regimes aduaneiros especiais

A Secretaria da Receita Federal define os Regimes Aduaneiros Especiais como sendo operações do comércio exterior em que as importações/exportações usufruem de benefícios fiscais como isenção, suspensão parcial ou total de tributos incidentes. Estes estão regulamentados nos artigos 307 a 503 do Regulamento Aduaneiro (RA).

Geralmente, são bens que permanecem no país, ou saem dele em caráter temporário, atendendo à necessidade de reparo, exposições, feiras, prestação de serviços, testes, materiais com fins científicos, composição de outros bens como partes e peças de produto acabado, destinado à exportação, para a utilização no processo produtivo etc. Além disso, a permanência dos bens no regime está vinculada à finalidade a que foram importados, exportados ou adquiridos no mercado interno. Sua importância é trazer vantagens operacionais e financeiras às empresas.

Os principais regimes aduaneiros seguem listados na Tabela 9.1.

Tabela 9.1 – Principais regimes aduaneiros especiais

Regime	Regulamento	Definição
Admissão Temporária	IN RFB (Instrução Normativa, Receita Federal do Brasil) nº 1.600/2015, de 14 de dezembro de 2015	É o que permite a importação de bens que devam permanecer no país durante prazo fixado, com **suspensão total** da exigibilidade de tributos incidentes na importação, ou com **suspensão parcial**, objeto de pagamento proporcional, no caso de **utilização econômica** dos bens (Regulamento Aduaneiro, art. 353).
Exportação Temporária	Artigos 431 a 457 do Decreto nº 6.759/2009, de 5 de fevereiro de 2009 (Regulamento Aduaneiro), e pela IN RFB nº 1.361/2013, de 21 de maio de 2013	É o regime aduaneiro que permite a saída de mercadorias do país, com suspensão do pagamento do imposto de exportação, condicionada ao seu retorno em prazo determinado, no mesmo estado em que foram exportadas.
Trânsito Aduaneiro	Artigos 315 a 352 do Regulamento Aduaneiro e, em regra, pela IN SRF nº 248/2002, de 25 de novembro de 2002	É o que permite o transporte de mercadoria, sob controle aduaneiro, de um ponto a outro do território aduaneiro, com suspensão do pagamento de tributos.
Drawback	Decreto Lei nº 37/66, de 21 de novembro de 1966	Consiste na suspensão ou eliminação de tributos incidentes sobre insumos importados para utilização em produto exportado. O mecanismo funciona como um incentivo às exportações, pois reduz os custos de produção de produtos exportáveis, tornando-os mais competitivos no mercado internacional. A importância do benefício é tanta que na média dos últimos 4 (quatro) anos correspondeu a 29% de todo benefício fiscal concedido pelo governo federal.

Regime	Regulamento	Definição
Entreposto Aduaneiro	Art. 405 do RA	É o que permite a armazenagem de mercadoria estrangeira em recinto alfandegado de uso público, com suspensão do pagamento dos impostos federais, da contribuição para o PIS/PASEP-Importação e da COFINS-Importação incidentes na importação.
Recof	Art. 179, caput, do Código Tributário Nacional – Lei nº 5.172/1966, de 25 de outubro de 1966	É o que permite à empresa beneficiária importar ou adquirir no mercado interno, com suspensão do pagamento de tributos, mercadorias a serem submetidas a operações de industrialização de produtos destinados à exportação ou mercado interno. É também permitido que parte da mercadoria admitida no regime, no estado em que foi importada ou depois de submetida a processo de industrialização, seja despachada para consumo. A mercadoria, no estado em que foi importada, poderá também ser exportada, reexportada ou destruída.
Loja Franca	– Loja Franca em Portos e Aeroportos Alfandegados – Portaria MF nº 112/2008, de 10 de junho de 2008 – Loja Franca em Fronteiras Terrestres – Portaria MF nº 307/2014, de 17 de julho de 2014	Mundialmente conhecidas como Duty Free, permite a instalação de estabelecimento comercial em portos ou em aeroportos alfandegados (zona primária) para vender mercadoria nacional ou estrangeira a passageiro em viagem internacional, sem a cobrança de tributos, contra pagamento em moeda nacional ou estrangeira. No ano de 2012, foi autorizada também a instalação de lojas francas em fronteiras terrestres, em municípios caracterizados como cidades gêmeas de cidades estrangeiras na fronteira do Brasil.

Regime	Regulamento	Definição
Depósito Especial	Art. 480 do Regulamento Aduaneiro	É o que permite a estocagem de partes, peças, componentes e materiais de reposição ou manutenção, com suspensão do pagamento dos impostos federais, da contribuição para o PIS/PASEP-Importação e da COFINS-Importação, para veículos, máquinas, equipamentos, aparelhos e instrumentos, estrangeiros, nacionalizados ou não, e nacionais em que tenham sido empregados partes, peças e componentes estrangeiros, nos casos definidos pelo Ministro de Estado da Fazenda.
Depósito Afiançado	Art. 488 do Regulamento Aduaneiro – RA	É o que permite a estocagem, com suspensão do pagamento dos impostos federais, da contribuição para o PIS/PASEP-Importação e da COFINS-Importação, de materiais importados sem cobertura cambial, destinados à manutenção e ao reparo de embarcação ou de aeronave pertencentes à empresa autorizada a operar no transporte comercial internacional, e utilizadas nessa atividade.
Depósito Alfandegário Certificado	Art. 493 do Regulamento Aduaneiro	É o que permite considerar exportada, para todos os efeitos fiscais, creditícios e cambiais, a mercadoria nacional depositada em recinto alfandegado, vendida à pessoa sediada no exterior, mediante contrato de entrega no território nacional e à ordem do adquirente.
Depósito Franco	Art. 499 do Regulamento Aduaneiro	O Regime Aduaneiro Especial de Depósito Franco é o que permite, em recinto alfandegado, a armazenagem de mercadoria estrangeira para atender ao fluxo comercial de países limítrofes com terceiros países.

Fonte: adaptado de BRASIL. Ministério da Fazenda. Receita Federal do Brasil. Disponível em: <https://idg.receita.fazenda.gov.br/>. Acesso em: 14 mar. 2017.

Quando a carga chega ao porto para ser transportada, é necessário ser feita uma declaração aduaneira de importação ou de exportação, que seria a indicação da destinação a ser dada aos produtos e sua sujeição ao controle aduaneiro. Esse procedimento vai indicar qual regime aduaneiro será aplicado às mercadorias e comunicará os elementos exigidos pela Aduana. O profissional responsável por essa fiscalização é denominado despachante aduaneiro. O despachante aduaneiro e seus ajudantes podem praticar os atos relacionados com o despacho de bens ou de mercadorias e até mesmo de bagagem de viajante, transportados por qualquer via, na importação ou exportação.

De acordo com a IN RFB nº 1.209, de 7 de novembro de 2011, para que o despachante aduaneiro possa atuar como representante de uma empresa para a prática dos atos relacionados com o despacho aduaneiro, ele deve, primeiramente, ser credenciado no Sistema Integrado de Comércio Exterior (Siscomex) pelo responsável legal pela pessoa jurídica, o qual também já deverá ter providenciado sua habilitação para utilizar o Siscomex.

No caso de pessoa física, o credenciamento de seu representante pode ser feito pelo próprio interessado, se ele for habilitado a utilizar o Siscomex, ou mediante solicitação para a unidade da SRF de despacho aduaneiro, como, por exemplo, nos casos de bagagem desacompanhada.

Diante de tantos pontos a serem analisados, a palavra-chave no planejamento logístico internacional é flexibilidade, em que as empresas precisam se adaptar rapidamente às diversidades exigidas pelo mercado e ter ações compensatórias. Por isso, a cada momento surgem novos *trade-offs*, e isso gera novos desafios às empresas e aumenta o risco de as empresas sacrificarem os serviços pela redução de custos, deixando de atender às necessidades de serviço do mercado. Um *trade-off* típico em logística trata do tipo de modal de transporte e os custos de estoque, que veremos no tópico a seguir.

9.3 OS CUSTOS LOGÍSTICOS

Os dois grandes desafios no mercado internacional estão relacionados a como oferecer a variedade de produtos necessários ao menor custo possível. Esse conhecimento é extremamente essencial para que operações de custos elevados sejam viabilizadas. Para encontrar esse balanço que otimiza o custo, é necessário identificar e explorar os *trade-offs* de custos logísticos.

Em um conceito dentro da logística, *trade-off* significa uma troca compensatória, em que o aumento de algum elemento de custo causa a redução em outro elemento ou no aumento do nível de serviço oferecido ao cliente. Na Figura 9.1, podemos exemplificar melhor.

Gráfico 9.1
Custos logísticos.

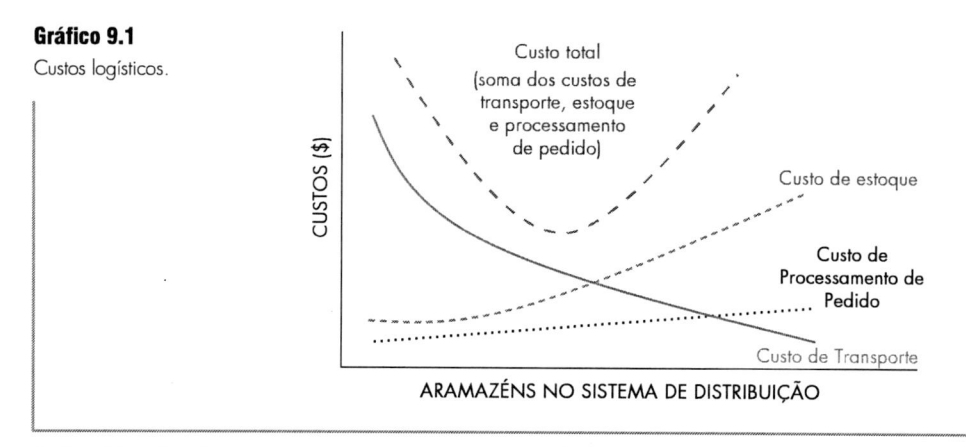

Eixo Y: CUSTOS ($)
Eixo X: ARAMAZÉNS NO SISTEMA DE DISTRIBUIÇÃO

Curvas:
- Custo total (soma dos custos de transporte, estoque e processamento de pedido)
- Custo de estoque
- Custo de Processamento de Pedido
- Custo de Transporte

Gráfico elaborado pelos autores.

Com a ajuda do Gráfico 9.1, é possível observar que o custo total caminha lado a lado com a compensação de custos, reconhecendo os custos individuais e chegando ao balanceamento ideal. Assim, podemos ter certeza de que a implementação da logística integrada juntamente com o conceito de custo total e a análise de *trade-offs*, pode trazer melhorias ao desempenho econômico e financeiro da empresa.

9.3.1 Custos de logística reversa

Tratando-se dos custos na logística reversa, existem vários pontos a serem balanceados, pois recolhimento e redistribuição, por exemplo, trazem custos de embalagem, de manuseio, de transporte, de armazenagem. Já o reprocessamento, tem o custo da embalagem, de armazenagem, de salários e encargos, de materiais, serviços etc. E o descarte tem o custo dos locais, aluguel, depreciação, fornos de incineração. Por isso, em algumas indústrias, os custos de logística reversa acabam sendo maiores do que o custo de um ciclo natural.

A verificação da viabilidade de cada processo logístico se dá por meio de conceituação, planejamento, execução e conclusão. Feito isso, é possível enxergar o processo de uma visão mais ampla para então fazer a análise financeira, que é a base do estudo de viabilidade do processo e deve evidenciar ideias realistas dos custos.

Todo esse diagnóstico proporciona benefícios como melhoria de serviço que evidencia o aumento da disponibilidade, qualidade e flexibilidade de atendimento, aumentando a fidelidade dos clientes e trazendo novos negócios; redução de custos, tanto de recursos financeiros como gerenciais necessários para a excelência do processo e até mesmo redução dos custos variáveis; e prevenção de custos, eliminando o envolvimento em programas que elevem os custos.

Como já visto antes, o termo *trade-off* na logística são trocas compensatórias de custos que devem otimizar o custo total sem prejudicar o serviço oferecido ao cliente. Dentro da logística reversa, a configuração da rede afeta o nível de serviço, em função da influência dos serviços de suporte e pós-venda. A qualidade do serviço passa a ser determinada pela localização dos pontos de atendimento e por sua quantidade. Além disso, a seleção e o reprocessamento dos produtos determinam o tempo de resposta do serviço.

Sendo assim, vemos que na logística reversa quando o nível de serviço é baixo, isso facilita a obtenção de economia de escala, mas também implica o aguardo dos consumidores pela constituição do número de solicitações necessárias.

Já no caso da entrega de produtos, para o fluxo normal, os processamentos automatizados reduzem o tempo do ciclo do pedido, e no fluxo reverso permite trabalhar com transportes e manuseios menos tempestivos e menos custosos. Então, nesse caso, o investimento no processamento automatizado de pedidos diminui o custo da logística reversa.

Continuando a análise, a configuração do fluxo reverso também afeta a execução da atividade de transporte. Os baixos custos na logística reversa (mão de obra, equipamentos etc.) elevam o custo do transporte em função da elevada movimentação dos inúmeros pontos de recolhimento ao ponto centralizador. Se, porém, descentralizar-se a execução das tarefas minimiza-se o custo do transporte, mas aumentam-se os custos da logística reversa.

Na armazenagem, se houver redução nos custos da logística reversa, há uma ampliação nos custos de armazenagem. Por exemplo, pontos de coleta no mesmo local que os pontos de atendimento eliminam a necessidade do recolhimento de produtos, mas há carência de maior espaço para o armazenamento.

Podemos citar também *trade-off* entre aquisições e logística reversa e entre embalagem e logística reversa. Ambos funcionam de forma inversamente proporcional. No caso da aquisição, o uso de produtos retornado possibilita reduzir as compras, mas a estratégia de recolhimento aumenta os custos da logística reversa, como mostrado na Tabela 9.2. Para as embalagens, elas oferecem padronização das dimensões, facilitando o manuseio, e as funções logísticas das embalagens promovem eficiência da logística reversa.

Tabela 9.2 – Tipos de *trade-off*

Serviço	Baixa Demanda de Serviço	Baixo Custo de Logística Reversa	– Centralização da rede reversa – Recolhimento de lotes consolidados
	Alta Demanda de Serviço	Alto Custo de Logística Reversa	– Descentralização da rede reversa – Recolhimento não consolidado
Processamento de pedidos	Alto custo de processamento de pedidos	Baixo Custo de Logística Reversa	– Processamento do fluxo reverso automático
	Baixo custo de processamento de pedidos	Alto Custo de Logística Reversa	– Processamento do fluxo reverso manual
Transporte	Alto Custo do Transporte	Baixo Custo de Logística Reversa	– Centralização da rede reversa – Não combinação de atividades reversas – Localização distante dos centros de consumo
	Baixo custo do transporte	Alto Custo de Logística Reversa	– Descentralização da rede reversa – Combinação de atividades reversas – Localização próximo aos centros de consumo
Armazenagem	Alto custo de armazenagem	Baixo Custo de Logística Reversa	– Pontos do Fluxo reverso articulados ao fluxo normal – Manuseio e transporte consolidados dos produtos retornados
	Baixo custo de armazenagem	Alto Custo de Logística Reversa	– Pontos do fluxo reverso não articulados ao fluxo normal – Manuseio e transporte não consolidados dos produtos retornados

Aquisição	Alto Custo de aquisição	Baixo Custo de Logística Reversa	– Não utilização de produtos retornados
	Baixo custo de aquisição	Alto Custo de Logística Reversa	– Utilização de produtos retornados
Embalagem	Alto custo de embalagem	Baixo Custo de Logística Reversa	– Elevada quantidade e/ou qualidades das embalagens – Uso de embalagens não retornáveis
	Baixo Custo de embalagem	Alto Custo de Logística Reversa	– Pequena quantidade e/ou qualidade das embalagens – Uso de embalagens retornáveis

Tabela elaborada pelos autores.

Para fazermos todas as análises necessárias à viabilidade logística de importação e exportação, entraremos em outro conceito logístico denominado Incoterms, que são cláusulas de preço que definem riscos e custos de compradores e vendedores, levando em consideração o local de entrega da mercadoria.

9.3.2 Incoterms

Os Incoterms são utilizados para definir onde serão entregues as mercadorias, quem arcará com os custos e a partir de que ponto geográfico cada empresa será responsável pelo risco. Foram criados em razão do desenvolvimento e do crescimento do comércio mundial, pela Câmara de Comércio Internacional (CCI), sediada em Paris, da qual o Brasil é signatário. Os termos propostos são utilizados nos contratos de importação e exportação, com o objetivo de definir quem seria o responsável por contratações e pagamentos das despesas operacionais.

Foi criada em 1953 com o nome de Incoterms-53, e até os dias de hoje passou por algumas revisões chegando à atual Incoterms-2010. Os termos internacionais do comércio (Incoterms) propõem o entendimento entre o vendedor e o comprador, quanto às tarefas necessárias para deslocamento da mercadoria: embalagem, transportes internos, licenças de exportação e importação, movimentação em terminais, seguros internacionais etc.

Os Incoterms são representados por siglas e têm regras estabelecidas internacionalmente de maneiras uniformes e imparciais. A classificação obedece a uma ordem crescente nas obrigações do vendedor. De acordo com a edição 2000, atualizada pela edição 2010, a CCI seleciona como próprios ao transporte marítimo, fluvial ou lacustre, os termos FAS, FOB, CFR, CIF, DES e DEQ. Destinam-se a todos os meios de transporte, inclusive multimodal: EXW, FCA, CPT, CIP, DAF, DDU e DDP. O DAF é o mais utilizado no terrestre. As definições das siglas são divididas, conforme tabela abaixo:

Tabela 9.3 – Siglas de Incoterms

GRUPO E	
EXW (*Ex Works*)	A mercadoria é entregue no estabelecimento do vendedor, em local designado. O comprador recebe a mercadoria no local de produção (fábrica, plantação, mina, armazém), na data combinada; todas as despesas e riscos cabem ao comprador, desde a retirada no local designado até o destino final; são mínimas as obrigações e responsabilidade do vendedor.
GRUPO F	
FCA (*Free Carrier* – Franco Transportador ou Livre Transportador)	A obrigação do vendedor termina ao entregar a mercadoria, desembaraçada para a exportação, à custódia do transportador nomeado pelo comprador, no local designado; o desembaraço aduaneiro é encargo do vendedor.
FAS (*Free Alongside Ship* – Livre no Costado do Navio)	A obrigação do vendedor é colocar a mercadoria ao lado do costado do navio no cais do porto de embarque designado ou em embarcações de transbordo. Com o advento do Incoterms 2000, o desembaraço da mercadoria passa a ser de responsabilidade do vendedor, ao contrário da versão anterior quando era de responsabilidade do comprador.
FOB (*Free on Board* – Livre a Bordo do Navio)	O vendedor, sob sua conta e risco, deve colocar a mercadoria a bordo do navio indicado pelo comprador, no porto de embarque designado. Compete ao vendedor atender às formalidades de exportação; essa fórmula é a mais usada nas exportações brasileiras por via marítima ou aquaviário doméstico. A utilização da cláusula FCA será empregada no caso de utilizar o transporte rodoviário, ferroviário ou aéreo.

GRUPO C	
CFR (*Cost and Freight* – Custo e Frete)	As despesas decorrentes da colocação da mercadoria a bordo do navio, o frete até o porto de destino designado e as formalidades de exportação correm por conta do vendedor; os riscos e danos da mercadoria, a partir do momento em que é colocada a bordo do navio, no porto de embarque, são de responsabilidade do comprador, que deverá contratar e pagar o seguro e os gastos com o desembarque. Esse termo pode ser utilizado somente para transporte marítimo ou transporte fluvial doméstico. Será utilizado o termo CPT quando o meio de transporte for rodoviário, ferroviário ou aéreo.
CIF (*Cost, Insurance and Freight* – Custo, Seguro e Frete)	Cláusula universalmente utilizada em que todas as despesas, inclusive seguro marítimo e frete, até a chegada da mercadoria no porto de destino designado correm por conta do vendedor; todos os riscos, desde o momento que transpõe a amurada do navio, no porto de embarque, são de responsabilidade do comprador; o comprador recebe a mercadoria no porto de destino e arca com todas as despesas, tais como, desembarque, impostos, taxas, direitos aduaneiros. Essa modalidade somente pode ser utilizada para transporte marítimo. Deverá ser utilizado o termo CIP para os casos de transporte rodoviário, ferroviário ou aéreo.
CPT (*Carriage Paid To* – Transporte Pago Até)	O vendedor paga o frete até o local do destino indicado; o comprador assume o ônus dos riscos por perdas e danos, a partir do momento em que a transportadora assume a custódia das mercadorias. Esse termo pode ser utilizado independentemente da forma de transporte, inclusive multimodal.
CIP (*Carriage and Insurance Paid to* – Transporte e Seguro Pagos até)	O frete é pago pelo vendedor até o destino convencionado; as responsabilidades são as mesmas indicadas na CPT, acrescidas do pagamento de seguro até o destino; os riscos e danos passam para a responsabilidade do comprador no momento em que o transportador assume a custódia das mercadorias. Esse termo pode ser utilizado independentemente da forma de transporte, inclusive multimodal.

GRUPO D	
DAF (*Delivered At Frontier* – Entregue na Fonteira)	A entrega da mercadoria é feita em um ponto antes da fronteira alfandegária com o país limítrofe desembaraçada para exportação, porém não desembaraçada para importação; a partir desse ponto a responsabilidade por despesas, perdas e danos é do comprador.
DES (*Delivered Ex-Ship* – Entregue no Navio)	O vendedor coloca a mercadoria, não desembaraçada, a bordo do navio, no porto de destino designado, à disposição do comprador; até chegar ao destino, a responsabilidade por perdas e danos é do vendedor. Esse termo somente pode ser utilizado quando se tratar de transporte marítimo.
DEQ (*Delivered Ex-Quay* – Entregue no Cais)	O vendedor entrega a mercadoria não desembaraçada ao comprador, no porto de destino designado; a responsabilidade pelas despesas de entrega das mercadorias ao porto de destino e desembarque no cais é do vendedor. Esse Incoterm prevê que é de responsabilidade do comprador o desembaraço das mercadorias para importação e o pagamento de todas as formalidades, impostos, taxas e outras despesas relativas à importação, ao contrário dos Incoterms 1990.
DDU (*Delivered Duty Unpaid* – Entregues Direitos Não-pagos)	Consiste na entrega de mercadorias dentro do país do comprador, descarregadas; os riscos e despesas até a entrega da mercadoria correm por conta do vendedor exceto as decorrentes do pagamento de direitos, impostos e outros encargos decorrentes da importação.
DDP (*Delivered Duty Paid* – Entregue Direitos Pagos)	O vendedor cumpre os termos de negociação ao tornar a mercadoria disponível no país do importador no local combinado desembaraçada para importação, mas sem o compromisso de efetuar o desembarque; o vendedor assume os riscos e custos referentes a impostos e outros encargos até a entrega da mercadoria. Esse termo representa o máximo de obrigação do vendedor em contraposição ao EXW.

Tabela elaborada pelos autores.

Em importação e exportação, a classificação de mercadorias é uma tarefa básica. É a determinação do melhor enquadramento de uma mercadoria, dentro das regras estabelecidas. No Brasil, essa tabela é a Nomenclatura Comum do Mercosul (NCM), que tem como base o Sistema Harmonizado (SH). O sistema harmonizado tem a seguinte estrutura: Lista ordenada de Posições e de Subposições, compreendendo 21 Seções, 96 Capítulos e 1.241 Posições, subdivididas em 5.113 Subposições.

O SH é utilizado em 179 países e cobre mais de 98% do comércio mundial. A necessidade de classificar mercadorias vem do acompanhamento estatístico de controle de importação e exportação. A classificação correta do NCM define o tratamento administrativo, a incidência dos tributos, os acordos internacionais e as comparações estatísticas entre países. A Secretaria da Receita Federal (SRF) é o órgão responsável pela classificação dos produtos na NCM.

9.4 *LEAN* E SIX SIGMA

No processo de fabricação dos produtos que atendem ao mercado importador e exportador, é evidente a necessidade de produção em larga escala a fim de atender à demanda, gerando estoque e, por consequência, aumentando o custo da empresa em armazenagem e movimentação. Para que ela possa sobreviver nesse ambiente e otimizar seus lucros, precisa aumentar cada vez mais sua produtividade e tornar-se competitiva, isso implica adoção de novas medidas e melhoria de gestão. Por isso, vem crescendo a aceitação e adesão ao Lean e ao Six Sigma para a condução do processo.

Lean, traduzido para o português literal significa "enxuto", essa técnica foca na eliminação de desperdício na produção de mercadoria ou de serviço. Tem o objetivo de suprimir o desperdício de cada área, inclusive da relação com clientes, desenvolvimento de produtos etc.

Já o Six Sigma é utilizado para reduzir a variabilidade do processo por meio de técnicas estatísticas. É um programa elaborado para medir e melhorar o desempenho operacional da companhia, eliminando defeitos, erros ou falhas no processo.

Na área da logística, essas duas ferramentas foram fundidas, criando o que chamamos de *Lean Six Sigma Logistics* que é nada menos que a eliminação de desperdícios e redução da variação por meio do aumento da velocidade e do fluxo da cadeia de suprimentos.

Como já visto antes, na importação e exportação de produtos, principalmente na Logística Reversa, o alto custo em determinados pontos inviabiliza o processo. Por isso, a junção desses métodos pode ser uma saída eficaz para redução e estoque e melhoria no nível de serviço. A aplicação da ferramenta é feita em níveis, seguindo um roteiro chamado DMAIC, que são as siglas em inglês para: "definir", "mensurar", "analisar", "melhorar" e "controlar". A resolução de problemas por intermédio dessa ferramenta possibilita a correção de erros e a redução de custos desnecessários.

9.5 TRANSPORTE NA LOGÍSTICA INTERNACIONAL

Visto todos os pontos tratados anteriormente, é necessário que, quando a empresa deseja importar ou exportar, tenha em mente um planejamento de transporte adequado para cada tipo de produto, com o acondicionamento correto e os serviços que atendam à demanda, inclusive com o controle das operações para a proteção do produto por meio de embalagem adequada até a entrega.

Com toda a organização e controle, a logística tanto de fluxo normal quanto reversa viabilizará o desenvolvimento da demanda, com atendimento de qualidade e custos mínimos.

Do ponto de vista jurídico, o transporte não é apenas a forma de condução da mercadoria de um país para o outro, mas também um acordo entre as partes, embarcador e transportador, para que assim a mercadoria possa ser entregue ao seu destino. A escolha do transporte correto é o fator determinante para o sucesso da operação, em função do tempo de trânsito.

Para definir o tipo correto de transporte para cada carga, é preciso observar que tipo de carga será transportada. Para isso, pode-se verificar perecibilidade, fragilidade, periculosidade, dimensões, peso etc.

As mercadorias, de forma geral, devem ser protegidas por embalagem apropriada, de acordo com sua natureza:

- **Carga geral:** carga embarcada e transportada com acondicionamento e marca de identificação e contagem de unidades. A mercadoria pode estar solta, o que dificulta sua manipulação, ou unitizada, que possibilita a movimentação e armazenagem com facilidade.
- **Carga a granel**: é a carga líquida ou sólida transportada sem identificação, sem acondicionamento, sem contagem de unidades, como, por exemplo, petróleo, trigo, grãos etc.
- **Carga frigorificada**: necessita ser refrigerada ou congelada para se manter conservada durante o transporte, como no caso de frutas, carnes etc.
- **Carga perigosa**: é a carga que pode provocar acidentes, danificando outras cargas ou os meios de transporte. São classificadas em: explosivos, gases, líquidos inflamáveis, sólidos inflamáveis e semelhantes, substâncias oxidantes

e peróxidos orgânicos, substâncias tóxicas (venenosas) e substâncias infectantes, materiais radioativos, corrosivos e variedades de substâncias perigosas diversas.
- **Neo-granel**: carregamento formado por apenas um tipo de mercadoria cujo volume permite o transporte em lotes, em um único embarque. Como, por exemplo, os veículos.

Depois de escolhido o meio de transporte adequado, a empresa deve estudar as possíveis rotas, para ter certeza de qual é o modal mais vantajoso, em cada percurso, levando em consideração o menor custo, capacidade de transporte etc. Os transportes são classificados em terrestres, aquaviários e aéreos.

Quanto à forma, pode ser modal, que envolve apenas uma modalidade; intermodal, que envolve mais de uma modalidade e para cada trecho existe um contrato diferente; multimodal, mais de uma modalidade, mas com apenas um contrato; segmentados, onde há diversos contratos para diversos modais; e sucessivos vários transportadores pelo mesmo meio, regido por um único contrato.

O multimodal, como citado, é um caso particular de transporte, que de acordo com o Decreto-Lei nº 3.411, de 12 de abril de 2000, deve ser realizada por um operador de transporte multimodal (OTM), emitindo um só documento, denominado Documento Único de Transporte (DUT).

Cada meio desses apresenta uma série de vantagens e desvantagens específicas sobre os demais, dependendo do tipo da carga, mas, no caso do comércio exterior, o predominante é o marítimo.

Ao analisar o transporte marítimo, nota-se que é possível embarcar grandes quantidades de mercadoria, em economia de escala. Esse meio de transporte é passível de adaptação ao tipo de mercadoria. Seus custos são baixos, pois pode transportar grandes toneladas com tarifas econômicas. Em contra partida, nem todos os portos estão em condições de receber todos os tipos de navio, sendo necessário, muitas vezes, descarregar a mercadoria em um porto mais distante, aumentando o custo.

O transporte aéreo tem maior frequência de serviço, por beneficiar empresas exportadoras que tem pequenas quantidades de volume e dimensão reduzida. A consolidação no transporte aéreo beneficia muito os custos para o exportador ou importador com bons parceiros logísticos.

E, por fim, o transporte terrestre constitui o meio ideal para a realização porta a porta, comum entre os países do Mercosul.

Tabela 9.4 – Considerações sobre transportes internacionais

Classe de Cargas	Armazenagem	Meios de Transporte
Geral	– Armazéns Gerais – Terminais de Contêineres	Caminhões, chassis, trens e embarcações
Granel	– Armazéns Gerais, silos e tanques	Caminhões normais, e tanques, contêineres, vagões normais e tanques, e navios
Refrigerada	– Armazéns refrigerados, contêineres refrigerados e contêineres-tanque	Caminhões, vagões, contêineres e navios refrigerados
Especial	– Armazéns e grandes áreas	Veículos especiais
Perigosa	– Áreas especiais	Veículos especiais com equipes treinadas e equipadas para emergências

Tabela elaborado pelos autores.

O QUE VIMOS NESTE CAPÍTULO

Neste capítulo, exploramos mais a fundo a necessidade de as empresas conhecerem as interferências de diversos fatores na logística internacional e se adaptarem a elas, levando em consideração a importância da gestão de suprimentos e distribuição global, a partir dos seguintes tópicos:

- Conceito de logística internacional, abordando os principais procedimentos aduaneiros com a legislação como ponto de atenção para manter a regularidade do fluxo de materiais no âmbito internacional.
- Destaque dos conceitos aduaneiros especiais, que gozam de benefícios fiscais como isenção, suspensão parcial ou total de tributos, cada caso com seu devido regulamento.
- Custos logísticos diretos e reversos. Definição de Incoterms e o seu desafio de tornar as operações economicamente viáveis às organizações, identificando e explorando os *trade-offs* de custos logísticos.
- Definição de Incoterms e sua utilização para destinar as mercadorias aos locais corretos e determinar quem arcará com os custos de transporte.
- Utilização de técnicas e ferramentas de gestão logística para eliminar os desperdícios na produção de mercadorias ou serviços, inclusive da relação com os clientes e do desenvolvimento de produtos.
- A indicação correta do transporte adequado para cada tipo de mercadoria com o acondicionamento correto e serviços que atendam à demanda, inclusive com o controle das operações para a proteção do produto por meio de embalagem adequada até a entrega.

QUESTÕES PARA REFLEXÃO

1. Qual a importância dos procedimentos aduaneiros para a consolidação do processo de importação e exportação?

2. Para que servem os regimes aduaneiros especiais?

3. O que seria um *trade-off* dentro do contexto logístico?

4. Como se dá a verificação da viabilidade do custo logístico?

5. O que o correto diagnóstico logístico pode proporcionar como benefício e melhoria para a empresa?

6. De que forma a configuração do fluxo reverso afeta a execução da atividade de transporte?

7. Qual a finalidade na aplicação dos Incoterms?

8. Como funciona o Sistema Harmonizado para a classificação de mercadorias no Brasil?

9. Qual a importância do Lean Six Sigma no processo logístico?

10. Como o transporte internacional é visto do ponto de vista jurídico e quais suas modalidades?

Capítulo 10

SERVIÇO AO CLIENTE

10.1 INTRODUÇÃO

Os serviços que as organizações prestam aos seus clientes são intangíveis. Em uma rede logística, não há como associá-los diretamente ao produto que está sendo entregue, pois o produto em si pode ser muito bom, durável, resistente e atender a todas as expectativas do cliente; os serviços, porém, que fizeram parte do fluxo logístico, podem ter sido de péssima qualidade.

Neste capítulo, vamos tratar das nuances que cercam os serviços logísticos que são prestados ao cliente, sem a pretensão de esgotar o assunto, por se tratar de um tema muito vasto. Assim, traçaremos um breve panorama da importância do setor de prestação de serviços no cenário econômico brasileiro. Buscaremos correlacionar os processos logísticos aos serviços que os acompanham e, por fim, trataremos dos *players* para a realização dos serviços e a terceirização.

10.2 A IMPORTÂNCIA DO SETOR DE PRESTAÇÃO DE SERVIÇOS NA ECONOMIA BRASILEIRA

O volume de produção e a dinâmica de consumo de um país faz com que a necessidade da prestação de serviços cresça na mesma escala, pois o ciclo que vai da fabricação de um produto até o consumo do mesmo passa por uma série de etapas, seja interna ou externa e em cada uma delas há a prestação de serviços.

As características do setor de serviço variam de acordo com o porte da organização, o nível de formação do seu corpo técnico, o grau de faturamento e o quanto sua planta produtiva está integrada com as inovações tecnológicas. A prestação de serviços, nos últimos tempos, vem assumindo cada vez mais, participação crescente e de destaque na economia do Brasil.

Nesse contexto, a que se destacar o IBGE, que realiza anualmente pesquisas setoriais que servem para nortear o direcionamento de recursos aos projetos de infraestrutura do governo, assim como, auxiliar também no alinhamento do planejamento estratégico das organizações que fazem parte do setor. De acordo com o IBGE, que analisou os resultados de pesquisas aplicadas às organizações do setor de prestação de serviços e identificou o comportamento e a evolução destas, estimou-se que, em 2014, por meio de 1.332.260 organizações, foi faturado no país R$ 1,4 trilhão líquido, empregando 13 milhões de pessoas, com uma folha de pagamento de 289,7 bilhões (Tabela 10.1). Esses dados divulgados pelo referido instituto nos fornecem uma amostra da pujança do setor de serviços e sinaliza o grau de importância que deve ser dado ao segmento.

Tabela 10.1 – Indicadores do setor de prestação de serviços em 2014

Quantidade de organizações	1.332.260
Faturamento do setor	R$ 1.400.000.000.000,00
Número de empregados	13.000.000
Valor da folha de pagamento	R$ 289.700.000.000,00

Tabela elaborada pelos autores em 2017 com base em: IBGE. Pesquisa mensal de serviços. Disponível em: <http://www.ibge.gov.br/home/estatistica/indicadores/servicos/pms/>. Acesso em: 14 mar. 2017.

O mesmo estudo do IBGE traz ainda dados que mostram o setor de prestação de serviços no ano de 2014, desembolsando uma parte ideal de 49,1% do valor, adicionado somente com salários, ou seja, folhas de pagamento, mas 30% desses gastos referem-se aos encargos sociais. As atividades primárias do setor de prestação de serviços no Brasil são as mais expressivas do ponto de vista da economia, com concentração basicamente no transporte aéreo, dutoviário, ferroviário, metroviário, marítimo e os correios.

Por outro lado, identifica-se a preocupação referente à possibilidade de o setor industrial aumentar cada vez mais suas receitas a partir das atividades de prestação de serviços complementares aos de seus produtos. Tal fato faria com que os gestores provocassem o desvio de recursos de investimento no setor fabril, concentrando-os nas atividades de prestação de serviços que supostamente poderá parecer mais rentável.

Ainda há a constatação de uma crescente contraposição ao caráter não comercializável do setor, muito em razão do fato de que as novas tecnologias têm viabilizado o comércio internacional de certos serviços em que a distância geográfica antes do advento da globalização se constituía em uma barreira intransponível. Desse modo, a produtividade desse setor passaria também a ter importante papel no balanço de pagamentos das economias modernas e, consequentemente, no equilíbrio macroeconômico destas.

No Brasil, o órgão que acompanha estatisticamente a evolução dos indicadores do setor da prestação de serviços, o IBGE, faz uma divisão por atividades contemplando diversos setores, como comércio; intermediações financeiras e seguros; educação e saúde pública; transporte, armazenagem e correios; atividades imobiliárias e serviços de informações, entre outros, conforme demonstrado no Gráfico 10.1.

O Gráfico 10.1 demonstra também que, em 2015, somente dois segmentos do setor de prestação de serviços apresentaram um leve crescimento, ou seja, as intermediações financeiras e seguros e as atividades imobiliárias. Em contrapartida, nota-se também uma expressiva queda em todas as outras atividades da prestação de serviços, em comparação com os anos anteriores.

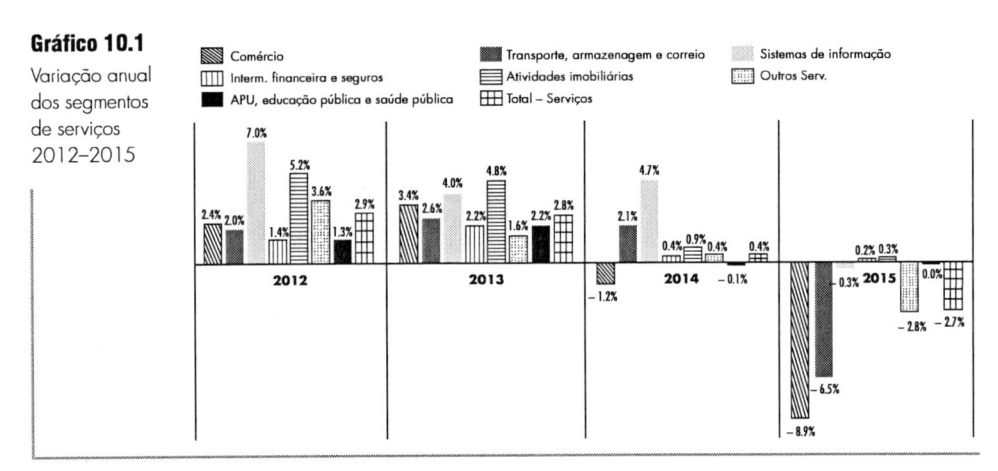

Gráfico 10.1
Variação anual dos segmentos de serviços 2012-2015

Gráfico elaborado pelos autores com base em: IBGE. Pesquisa anual de serviços. Disponível em: <http://www.ibge.gov.br/home/estatistica/economia/comercioeservico/pas/pas2014/default.shtm>. Acesso em: 14 mar. 2017.

10.3 PROCESSOS LOGÍSTICOS E O SERVIÇO AO CLIENTE

Para melhor entendimento e nivelamento de raciocínio, vamos primeiramente conceituar "processo logístico" no contexto em que estudaremos esse tópico. Processo logístico é um conjunto de atividades, ações e tarefas que são realizadas, de forma sistematizada e estruturada, com a finalidade de atender aos objetivos de uma rede logística.

Uma vez conceituados os processos logísticos, vamos conceituar também o serviço ao cliente. Para tanto, vamos nos valer das três dimensões as quais Bowersox e Closs dividiram a prestação de serviços ao cliente.

- A primeira diz respeito à disponibilidade de materiais, que está relacionada diretamente com a manutenção dos estoques, em que está disponível tudo o que é preciso, havendo assim o pronto atendimento às necessidades do cliente.
- A segunda trata-se do desempenho operacional que leva em consideração a somatória de todos os "tempos" (Ts) desde a emissão do pedido de fornecimento até a efetivação da entrega ao cliente.
- E por fim, a confiabilidade, a qual o cliente sabe que a organização é pontual, e o prazo de entrega, que foi informado ou acordado previamente, é cumprido.

Na última década, a prestação de serviços logístico passou por uma série de transformações, anteriormente havia apenas a preocupação de se manter um fluxo contínuo de movimentação de produtos, nos dias atuais, principalmente por força da lei, como já vimos em capítulos anteriores, as organizações devem se preocupar também com o refluxo dos itens que estão sendo expedidos, pois, muitos deles, têm a classificação de reúso ou recicláveis, podendo assim, em outra fase, voltar ao processo produtivo.

O mercado da prestação de serviços logísticos tem demandado por organizações que ofereçam um conjunto completo de serviços que contemplem todas as operações de transporte, incluindo manuseio, carregamento, descarregamento, controle de estoque, reposição de produtos, compras e recebimento, como demonstrado na Tabela 10.2.

Tabela 10.2 – Conjunto de serviços logísticos

Operações de transporte	Da fábrica para o distribuidor; do distribuidor para o varejo; do varejo para o consumidor; do consumidor para centro de reciclagem; do centro de reciclagem para o reúso ou reprocessamento.
Manuseio de produtos	Reduzir as distâncias entre a produção e/ou estoque e a expedição, acomodando e empilhando os produtos, de forma a otimizar o espaço.

Carregamento	Efetuar o carregamento nos meios de transporte, utilizados pela empresa para fazer a movimentação dos produtos da fábrica até o ponto de entrega, utilizando-se dos recursos disponíveis.
Descarregamento	Efetuar o descarregamento dos produtos nos pontos de entrega, utilizando-se dos recursos disponibilizados.
Controle de estoque	Planejar, organizar e controlar o fluxo de entrada e saída de materiais, identificando as necessidades de reposições.
Reposição de produtos	A reposição de produtos é uma atividade atrelada ao controle de estoque, pois ocorre quando se atinge a quantidade mínima possível para se ter em estoque, ou até mesmo quando se chega ao ponto de zerar o estoque.
Processo de compras	O processo de compras é um dos serviços nobres da logística, pois o mesmo vai desde a requisição de compras até a entrega do item para quem o requisitou, passando por elaboração de cotação, emissão de pedido e *follow-up* de pedido.
Recebimento	O serviço de recebimento, não menos importante que os outros, traz a certeza de que o que foi solicitado e comprado é de fato o que está sendo entregue na empresa. Nesse mesmo ato, além da conferência física dos produtos, há também a checagem dos dados da nota fiscal em cotejo com o pedido emitido.

Tabela elaborada pelos autores.

10.3.1 Características dos serviços logísticos

Os serviços listados na Tabela 10.2 têm como característica o fato de que eles são produzidos e consumidos de forma simultânea, pois não podem ser estocados e consumidos em outro momento, o que significa que quaisquer ineficiências na produção dos mesmos afeta de modo instantâneo o consumidor, diferentemente do que ocorreria na produção de um bem, pois, em um processo de produção fabril, por meio do controle de qualidade, consegue-se prevenir que um produto saia com defeito e chegue até o cliente. Enquanto, na prestação de serviços, o cliente, seja ele interno, seja externo, percebe, facilmente e de imediato, o defeito ou erro, o que pode gerar a insatisfação plena.

Nesse contexto, levando-se em consideração o fluxo dos serviços prestados na RLR (Figura 10.1), estudos mostram que, de forma frequente, quem executa o serviço encontra-se fisicamente longe de quem o controla, e esse raciocínio nos remete diretamente aos quatorze princípios que Deming, reconhecido ícone em gestão da qualidade, em 1950, estabeleceu aos executivos das empresas japonesas, junto com o ciclo do PDCA, filosofias aplicáveis tanto às grandes como às pequenas organizações industriais e prestadoras de serviços logísticos.

Figura 10.1
Fluxo das prestações de serviços internos e externos na RLR.

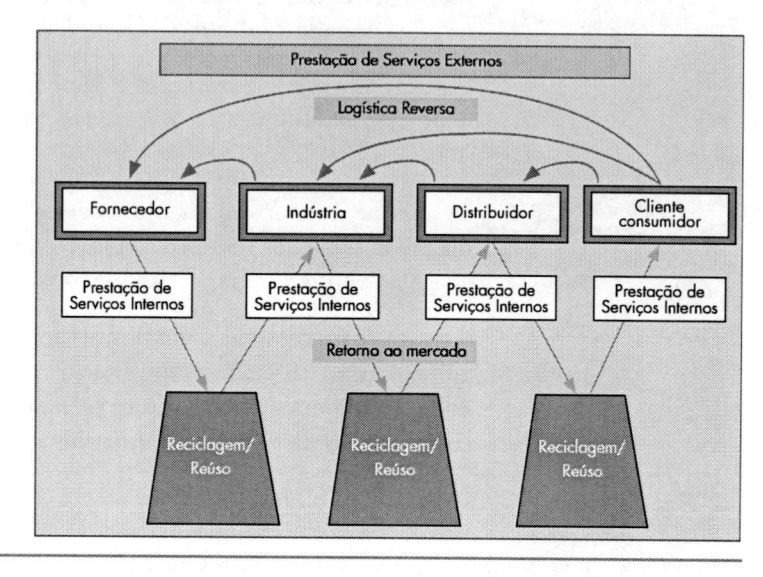

[Diagrama: Prestação de Serviços Externos / Logística Reversa — Fornecedor, Indústria, Distribuidor, Cliente consumidor, cada um com Prestação de Serviços Internos; Retorno ao mercado; Reciclagem/Reúso]

Esquema elaborado pelos autores.

10.3.2 A relação da prestação de serviços logísticos e os princípios de Deming

Deming defendia que todos na empresa devem persistir e empenhar-se nas ações de melhoria dos produtos e serviços que a organização disponibiliza aos seus clientes, sem perder o foco e a busca por competitividade e a geração de emprego. As organizações prestadoras de serviços aos clientes da rede logística de retorno (RLR) para atender à demanda, deve ter uma equipe de colaboradores que entenda o papel que ele representa na organização e os gestores têm de os estimularem a promover, de forma contínua, as melhorias de processo, consequentemente resultando em um melhor atendimento às necessidades dos clientes.

Em todos os estágios do processo de prestação de serviços da RLR é necessário ter a certeza de que os mesmos foram concluídos com o nível de qualidade aceitável, não se fazendo necessária a inspeção o tempo todo. Serviço recebido ou é de qualidade ou não é; não existe meio-termo, não tem manutenção ou *recall*, a percepção do cliente é imediata. De acordo com Deming, para eliminar a inspeção em todas as fases do processo, faz-se necessário o treinamento constante da equipe.

Estabelecimento de metas, redução de custos, ao invés de só aumentar os preços, redução dos prazos de atendimento aos clientes, essas, algumas ações comuns aos gestores responsáveis por uma rede logística de retorno, mas, para que tal processo seja revertido ao cliente em forma de qualidade dos serviços prestados, os mesmos devem atuar como líderes provedores, instruindo, informando, abastecendo e dando condições para os colaboradores serem mais eficientes e eficazes.

10.4 MODELO CONCEITUAL PARA *PLAYERS* PRESTADORES DE SERVIÇOS LOGÍSTICOS

Ao longo dos anos, aumentou-se em escala exponencial à demanda por serviços logísticos, o que provocou o surgimento de novos *players* e o fortalecimento dos que já atuavam nesse mercado. Algumas organizações cresceram sem um planejamento, fazendo valer a expressão brasileira de fazer "um puxadinho"; seja na gestão, seja na parte física, tal ação, de forma temporária, provoca a sensação ilusória de acerto, pois não se sustenta em toda a sua plenitude, não perdurando por muito tempo.

No Brasil, temos vários exemplos de empresas que têm a excelência em processos logísticos. A Natura é uma delas, a qual foi fundada em 1969 e é a maior empresa nacional na fabricação de cosméticos, já reconhecida internacionalmente. Mas, independentemente do segmento de atuação, uma organização para prestar serviços logísticos deve observar os aspectos de inovação tecnológica existente no mercado e que atenda a todas as áreas de maneira integrada.

Faz-se necessário também que todos os colaboradores, independentemente da função exercida, tenham conhecimento de todos os processos existentes na organização, pois só assim vão entender que todas as suas ações devem estar focadas às necessidades dos clientes e, assim sendo, deverão estar sempre a um passo à frente no atendimento a elas, superando as expectativas.

É fundamental que uma organização que preste serviços logísticos utilize boa parte do seu tempo planejando a forma de operacionalizar todas as ações necessárias ao bom desempenho e atingimento das metas, evitando tarefas e erros repetitivos e agilizando e flexibilizando as soluções de problemas. Tais ações evitam custos desnecessários e melhoram o desempenho global dos colaboradores.

O mercado de tecnologia já tornou disponível ao mundo das organizações que atua no segmento de logística, ferramentas de gestão que permitem maior visibilidade, possibilitando assertividade e agilidade nas tomadas de decisão. A utilização dessas ferramentas traduz-se em inteligência de operações que será percebida pelos clientes imediatamente quando surgir intempéries, dados agilidade de resposta e solução.

Atingir as metas e as expectativas dos clientes tornou-se uma obrigação em um mercado extremamente competitivo, por meio dos quais as organizações buscam segmentos logísticos específicos para se destacarem. Há que se buscar resultados muito acima da média, para que o cliente encontre justificativas para mudar seu operador logístico.

Não há um *player* ideal para realização dos serviços logísticos que não tenham passado por um treinamento intenso do seu quadro de colaboradores. Quaisquer ações em uma organização tem a participação de seus colaboradores e as que têm essa consciência investe muito na capacitação dos mesmos. A rede logística, de retorno ou não, tem uma dependência muito grande de seus agentes; estes precisam, de forma constante, estar buscando novas maneiras de proporcionar serviços que superem as expectativas dos clientes, somente assim poderão garantir por um determinado tempo sua permanência no mercado, o qual vem exigindo revisão de processos, implantação de normas internacionais de qualidade e responsabilidade social.

Por fim, como já foi citado anteriormente, as ações dos gestores devem estar voltadas para o atendimento não só dos clientes externos, mas também para o internos, pois o grau de importância dos dois acaba se nivelando e há uma linha de pesquisadores que defendem a necessidade de atenção maior ao cliente interno, pois ele é o produtor da qualidade dos serviços que chegam até o cliente externo.

10.5 *OUTSOURCING* DE SERVIÇOS LOGÍSTICOS

Nos últimos anos, houve um crescimento expressivo de organizações no segmento de logística. Tal fato ocorreu porque, em tempos de economia aquecida, há a necessidade de maiores volumes de produção, o que provoca também a necessidade de implantação de sistemas de comunicação e controle mais arrojados para melhor gerenciamento dos negócios. Nesse contexto, a percepção da velocidade com que as vendas aumentam com relação aos custos contribuiu para a instituição do sistema de administração denominado *just in time*, por meio do qual a compra, a venda ou o transporte de produtos é feito somente na hora certa, reduzindo estoques.

Em função dessas mudanças, a estratégia de terceirização dos serviços logísticos passa a ser visto pelas empresas como uma alternativa de aumento da vantagem competitiva e da eficácia organizacional. Tal ação melhora o processo produtivo, proporcionando maior agilidade à cadeia de suprimentos.

De uma forma geral, o processo de terceirização visa transferir as atividades logísticas, antes desenvolvidas internamente nas empresas, para fornecedores externos. Seu objetivo é a liberação dos recursos financeiros, tecnológicos, de infraestrutura e humanos, para que a empresa possa focar em suas atividades principais, melhorando inclusive a relação da empresa com fornecedores e clientes dentro da rede logística e da de retorno (RL e RLR), assim como em toda a cadeia de suprimentos. Desse modo, há o impedimento de ruptura da cadeia em função da diminuição de falhas no processamento de pedidos ou por atraso de entregas etc.

A terceirização dos serviços logísticos precisa ser analisada dentro de um contexto geral, pois, apesar de sua boa proposta, não pode ser desconsiderada também a possibilidade de esta poder trazer alguns problemas à empresa. Mediante tal fato, é importante observar os critérios contratuais, implantar indicadores periódicos de desempenho e acompanhá-los sistematicamente, tomando medidas corretivas imediatas para corrigir os desvios. Tais ações visam proporcionar maior credibilidade e confiabilidade ante o tomador do serviço logístico.

Existem diversas vantagens na contratação de uma empresa especializada, o que precisa ser analisada é a relação custo-benefício. Como já citado anteriormente, a terceirização do serviço logístico permite maior dedicação ao negócio da empresa. Permite redução e controle dos custos logísticos, emprega novos canais de distribuição e possibilita o diferencial competitivo.

As empresas contratadas, conhecidas como terceirizadas, devem estar muito atentas aos controles de seus processos. Ballou, em 1993, defendia, em uma de suas obras, a importância dos controles logísticos, esquematizando um modelo, conforme demonstrado na Figura 10.2, por meio do qual deixa explícito que, ao ficar constatado o menor desvio no processo logístico, ações corretivas devem ser analisadas e implantadas.

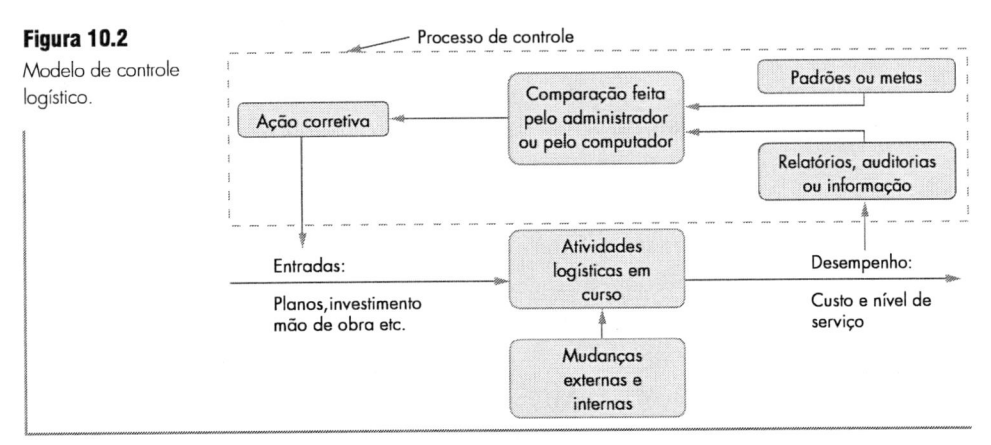

Figura 10.2
Modelo de controle logístico.

Fonte: BALLOU, Ronald H. **Logística empresarial**: transportes, administração de materiais e distribuição física. São Paulo: Atlas, 1993.

Agora, relacionado aos riscos, a empresa deve dobrar sua atenção à qualidade dos serviços prestados aos clientes, para que não haja perda de identidade no meio do processo. É necessária também a atenção aos riscos trabalhistas por causa da perda da função e o aumento do controle das atividades terceirizadas, para que não haja falhas por parte da contratada que prejudiquem a contratante.

Todas as atividades logísticas são passíveis de terceirização, podemos citar algumas delas como sendo armazenagem, distribuição, operação, publicidade, treinamento, seleção e recrutamento. Desde que a atividade não esteja ligada ao processo final da empresa, pode ser terceirizada se assim for conveniente.

O processo da rede logística da organização deve ser voltada para a garantia do seu alinhamento com a estratégia competitiva. A estratégia só estará otimizada quando todos os processos estiverem empenhados em maximizar os resultados da empresa. A partir dessa visão do desenho de rede em mente, o administrador pode analisar e decidir que atividades podem e devem ser terceirizadas. Se a decisão não estiver proporcionando melhor alinhamento entre a estratégia da cadeia de suprimentos e a estratégia competitiva da empresa, talvez seja o momento de reavaliar a direção a ser tomada.

Atualmente, ocorrem vários fatores que estão causando a opção pela terceirização. O fato de as empresas estarem mudando seus modelos de negócio aumenta a complexidade nas operações logísticas, exige um maior investimento tecnológico e isso favorece a contratação de especialistas. Esses, por sua vez, adquirem a responsabilidade de realizar os investimentos e montar a estrutura necessária, de forma a atender às exigências do mercado.

A contratação desses serviços logísticos pode ter vários enfoques, desde o mais simples contrato de transportes até o mais complexo controle da cadeia completa de suprimentos. Assim a empresa pode optar por modelos logísticos comuns já existentes no mercado, ou por profissionais especializados, que utilizam ferramentas modernas de gerenciamento. Esses profissionais são denominados operadores logísticos.

A Associação Brasileira de Movimentação Logística (ABML) define esse tipo de serviço mais complexo como sendo: "Empresas prestadoras de serviços, especializadas em gerenciar e executar toda ou parte das atividades logísticas nas várias fases da Cadeia de Abastecimento, que agrega valor aos produtos de seus clientes e que tenha competência para, no mínimo, prestar, simultaneamente, serviços de gestão de estoques, armazenagem e gestão de transportes. Necessitam, também, ter competência para apurar sistemática e periodicamente os indicadores de desempenho adequados a cada fase de seus serviços".

Dada a citada definição da ABML, vale fazer uma comparação das atividades do prestador de serviços tradicional e o operador logístico integrado, o que Figueiredo (2005) fez muito bem, conforme demonstrado na Tabela 10.3, os operadores logísticos oferecem estrutura gerencial, funcionários, meios de transporte e todos os componentes necessários para agregar valor segundo a necessidade de cada cliente.

Tabela 10.3 – Comparação entre prestador de serviços tradicionais e operadores logísticos

Prestador de Serviços Tradicionais	Operador Logístico Integrado
Oferece Serviços Genéricos – *commodities*.	Oferece Serviços sob Medida – personalizados.
Tende a se concentrar numa única atividade logística; transporte ou estoque ou armazenagem.	Oferece múltiplas atividades de forma integrada; transporte, estoque, armazenagem.
O objetivo da empresa contratante do serviço é a minimização do custo específico da atividade contratada.	Objetivo do contratante é reduzir os custos totais da logística, melhorar os serviços e aumentar a flexibilidade.
Contratos de serviço tendem a ser de curto a médio prazo (6 meses a 1 ano).	Contratos de serviço tendem a ser de longo prazo (5 a 10 anos).
Know-how tende a ser limitado e especializado (transporte, armazenagem etc.).	Possui ampla capacitação de análise e planejamento logístico, assim como de operação.
Negociações para os contratos tendem a ser rápidas (semanas) e num nível operacional.	Negociações para contrato tendem a ser longas (meses) e num alto nível gerencial.

Fonte: HIJAR, Maria Fernanda; GERVÁSIO, Maria Helena; FIGUEIREDO, Kleber. Mensuração de desempenho logístico e o modelo World Class Logistics – Partes 1 e 2. ILOS, Rio de Janeiro, 10 ago. 2005. Disponível em: <http://www.ilos.com.br/web/mensuracao-de-desempenho-logistico-e-o-modelo-world-class-logistics-parte-1/>. Acesso em: 14 mar. 2017.

Escolhida a forma adequada de atuação da empresa terceirizada de logística, é necessário avaliar o desempenho da operação, por meio dos indicadores corretos, para que sejam medidas as vantagens percebidas durante o processo. É fundamental que os indicadores estejam ligados à estratégia da organização, façam parte do sistema de controle integrado e possibilitem ações proativas dos gestores.

Efetuado tal procedimento, serão identificadas algumas vantagens no processo e provavelmente também algumas desvantagens. Portanto, o ideal seria desenvolver também indicadores que possam quantificar essas possíveis desvantagens, para que a empresa possa tomar ações que as minimizem.

O QUE VIMOS NESTE CAPÍTULO

Neste capítulo, pudemos estabelecer um panorama geral dos serviços logísticos que são prestados ao cliente, identificando a importância do setor por meio dos seguintes tópicos:

- A importância do setor de prestação de serviços na economia brasileira, por meio do qual contextualizamos os indicadores do IBGE como grandes auxiliadores do planejamento estratégico das organizações. Ainda nesse tópico, identificamos a preocupação referente à possibilidade de o setor industrial aumentar cada vez mais suas receitas a partir das atividades de prestações de serviços complementares aos de seus produtos.
- Processos logísticos e serviço ao cliente, que nos trouxe uma melhor compreensão de como funciona a demanda do mercado de prestação de serviços logístico. Nesse tópico, foi estudado o conjunto de serviços logísticos, juntamente com a característica de cada um, além da relação da prestação do serviço logístico com os princípios de Deming.
- Modelo conceitual para *players* prestadores de serviços logísticos, que nos fez refletir sobre a necessidade de observar os aspectos de inovação tecnológica existentes no mercado, independentemente do segmento de atuação, utilizando boa parte do seu tempo planejando a forma de operacionalizar todas as ações necessárias ao bom desempenho e cumprimento das metas.
- *Outsourcing* de serviços logísticos, que enfatiza o processo de terceirização em razão da percepção da velocidade com que as vendas aumentam com relação aos custos. Esse processo visa transferir as atividades logísticas antes desenvolvidas internamente nas empresas, para fornecedores externos.

QUESTÕES PARA REFLEXÃO

1. Qual a importância dos resultados apontados nas pesquisas setoriais do IBGE para a melhoria dos serviços prestados aos clientes?

2. Como pode ser conceituado um Processo Logístico e qual a sua relação com a prestação de serviços ao cliente?

3. Cite as principais características encontradas entre os serviços logísticos.

4. De acordo com Deming, o que deve ser observado na qualidade do serviço recebido?

5. Como os gestores podem reverter ações operacionais em qualidade percebida pelos clientes?

6. O que uma organização precisa observar para oferecer um serviço logístico de qualidade?

7. Qual deve ser a forma de atuação dos agentes logísticos no dia a dia da organização, para bem cumprir seu papel?

8. Em que consiste o processo de terceirização de serviços logísticos?

9. Quais as ações necessárias que a organização deve tomar para proporcionar maior credibilidade e confiabilidade ao seu tomador de serviços logístico?

10. Quais os riscos mais comuns que as empresas estão expostas ao optar por terceirizar o serviço logístico?

BIBLIOGRAFIA

AITKEN, J. **Supply Chain Integration within the Context of Supplier Association**. Tese. Cranfield, Bedfordshire: Cranfield University, 1998.

ALMEIDA, C. M. V. B. de; GIANNETTI, B. F. **Ecologia industrial**: conceitos, ferramentas e aplicações. São Paulo: Edgard Blücher, 2006.

ANDRADE, R. O. B. de; TACHIZAWA, T.; CARVALHO, A B. de. **Gestão ambiental**: enfoque estratégico aplicado ao desenvolvimento sustentável. São Paulo: Makron Books, 2000.

ANTT – Agência Nacional de Transportes Terrestres. **O transporte terrestre de produtos perigosos no Mercosul** – edição 2012. Brasília-DF.

ASSOCIAÇÃO BRASILEIRA DO ALUMÍNIO – ABAL. **Anuário Estatístico ABAL 2012**. São Paulo: Abal, 2013.

BALLOU, R. H. **Logística empresarial**: transportes, administração de materiais e distribuição física. São Paulo: Atlas, 1993.

_____. **Gerenciamento da cadeia de suprimentos**: logística empresarial. Porto Alegre: Bookman, 2006.

_____. **Gerenciamento da cadeia de suprimentos**: planejamento, organização e logística empresarial. 4. ed. Porto Alegre: Bookman, 2001.

_____. **Logística empresarial**: transportes, administração de materiais e distribuição física. São Paulo: Atlas, 2011.

BOND, E. **Medição de desempenho para gestão da produção em um cenário de cadeia de suprimentos**. Dissertação. São Carlos: Escola de Engenharia de São Carlos, 2002.

BOWERSOX, D. J.; CLOSS, D. J. **Logistical management:** the integrated supply chain process. Nova York: McGraw Hill, 1996.

BRASIL. **Decreto nº 7.404, de 23 de dezembro de 2010**. Regulamenta a Lei nº 12.305, de 2 de agosto de 2010, que institui a Política Nacional de Resíduos Sólidos, cria o Comitê Interministerial da Política Nacional de Resíduos Sólidos e o Comitê Orientador para a Implantação dos Sistemas de Logística Reversa, e dá outras providências. Disponível em: <http://www.planalto.gov.br/ccivil_03/_ato2007-2010/2010/decreto/d7404.htm>. Acesso em: 21 mar. 2017.

_____. Lei nº 12.305, de 2 de agosto de 2010. Institui a Política Nacional de Resíduos Sólidos; altera a Lei nº 9.605, de 12 de fevereiro de 1998; e dá outras providências. **Diário Oficial da União,** 3 ago. 2010. Disponível em: <http://www.planalto.gov.br/ccivil_03/_ato2007-2010/2010/lei/l12305.htm>. Acesso em: 21 mar. 2017.

_____. Ministério da Fazenda. Receita Federal do Brasil. Disponível em: <https://idg.receita.fazenda.gov.br/>. Acesso em: 14 mar. 2017.

_____. Ministério dos Transportes. **Relatório de gestão do exercício de 2015**. Brasília-DF: Secretaria Executiva, 2016.

CAMPOS, L. F. R.; BRASIL, C. V. de M. **Logística:** teia de relações. 6. reimp. Curitiba: Ibpex, 2009.

CAXITO, F. **Logística:** um enfoque prático. São Paulo: Saraiva, 2011.

CHRISTOPHER, M. **Logística e gerenciamento da cadeia de suprimentos**: criando redes que agregam valor. Trad. Mauro de Campos Silva. 2. ed. São Paulo: Cengage Learning, 2010.

CORRÊA, H. L.; XAVIER L. H. **Sistemas de logística reversa.** São Paulo: Atlas, 2013.

DEMING, W. E. **Calidad, productividad y competitividad.** La salida de la crisis. Madri: Ediciones Díaz de Santos, 1989.

DIAS, M. A. P. **Administração de materiais:** uma abordagem logística. 4. ed. São Paulo: Atlas, 1996.

DORNIER, P-P. **Logística e operações globais**: texto e casos. Trad. Arthur Itakagi Utiyama. São Paulo: Atlas, 2000.

GARCIA, M. G. **Logística reversa:** uma alternativa para reduzir custos e criar valor. XIII SIMPEP, Bauru-SP, nov. 2006. Disponível em: <http://www.simpep.feb.unesp.br/anais/anais_13/artigos/1146.pdf>. Acesso em: 15 out. 2016.

GODINHO, W. B. **Gestão de materiais e logística.** Curitiba: Ibpex, 2004.

HIJAR, M. F.; GERVÁSIO, M. H.; FIGUEIREDO, K. **Mensuração de desempenho logístico e o modelo World Class Logistics – Partes 1 e 2.** ILOS, Rio de Janeiro, 10 ago. 2005. Disponível em: <http://www.ilos.com.br/web/mensuracao--de-desempenho-logistico-e-o-modelo-world-class-logistics-parte-1/>. Acesso em: 14 mar. 2017.

HUGOS, M. H. **Essentials of supply chain management.** 3. ed. Indianápolis, Wiley: 2011.

LAMBERT. In: TALAMINI, E.; PEDROZO, E. A.; SILVA, A. L. da. Supply chain management and food safety: exploratory research into Brazil's pork export supply chain, **Gestão & Produção.** São Carlos, v. 12, n. 1, jan.-abr., 2005.

LEITE, P. R. **Logística reversa:** meio ambiente e competitividade. São Paulo: Pearson Prentice Hall, 2003.

LERIPIO, A. A.; LERIPIO, D. C. Cadeias produtivas sustentáveis. **Minicurso:** cadeias produtivas sustentáveis. Itajaí, 2008.

MARTEL, A.; VIEIRA, D. R. **Análise e projetos de redes logísticas.** 2. ed. São Paulo: Saraiva, 2010.

MARTINS, P. G.; LAUGENI, F. P. **Administração da produção.** 7. ed. São Paulo: Saraiva, 2003.

MIGUEZ, E. C. **Logística reversa como solução para o problema do lixo eletrônico.** Rio de Janeiro: Qualitymark, 2010.

OLIVEIRA, D. P. R. **Manual de gestão das cooperativas:** uma abordagem prática. São Paulo: Atlas, 2011.

PEREIRA, M. V. de F. **Gerenciamento da cadeia de suprimentos:** abordagem da negociação empresarial para garantia do fornecimento de materiais. Monografia. Paracatu: Faculdade Tecsoma, 2011.

POZO, H. **Administração de recursos materiais e patrimoniais:** uma abordagem logística. 3. ed. São Paulo: Atlas, 2004.

ROGERS, D. S. The returns management process. **International Journal of Logistics Management**. v. 13, n. 2, 2002.

SEURING, S.; MÜLLER, M. From a literature review to a conceptual framework for sustainable supply chain management. **Journal of Cleaner Production**. v. 16, n. 15, 2008, pp. 1699-1710.

SOUZA, R. G.; VALLE, R. **Logística reversa** – processo a processo. São Paulo: Atlas, 2014.

SPENGLER, T.; PUECHERT, H.; PENKUHN, T.; RENTZ, O. Environmental integrated production and recycling management. **Eur. J. Oper. Res.**, 1997.